教育部职业教育与成人教育司推荐教材
职业教育改革与创新规划教材

建筑工程材料检测

第 2 版

主　　编　　白　燕　　刘玉波
副主编　　李　梅　　尹国英
参　　编　　王　波　　王萃萃
　　　　　　潘继姮
主　　审　　许金渤

机械工业出版社

本书是教育部职业教育与成人教育司推荐教材，是在第1版的基础上，结合当前职业教育改革的需要，同时参照建筑工程质量控制岗位人员资格要求修订而成的。

本书主要内容包括：检测管理和基础知识；混凝土、砂浆用原材料性能的检测；混凝土的配制及性能检测；建筑砂浆的性能检测；砌体材料的性能检测；常用建筑钢材及钢筋焊接的性能检测；防水材料性能的检测。

本教材在编写过程中本着"必需、够用"的原则，结合了试验工岗位要求标准，有很强的实用性。在内容上力求将新的检测标准、检测方法、评定标准及检测注意事项贯穿其中，并配备相关的检测训练项目，注重学生动手操作技能的培养，授课时可采用项目教学法进行。

本书可作为职业院校建筑类专业材料检测及其相关课程教学用书，也可作为相关专业岗位培训用书或参考书。

为方便教学，本书配有电子课件及习题答案，凡选用本书作为授课教材的老师均可登录 www.cmpedu.com，以教师身份免费注册下载。编辑热线：010-88379865，机工社建筑教材交流 QQ 群：221010660。

图书在版编目（CIP）数据

建筑工程材料检测/白燕，刘玉波主编. —2 版. 北京：机械工业出版社，2013.5（2022.1 重印）

教育部职业教育与成人教育司推荐教材. 职业教育改革与创新规划教材

ISBN 978 – 7 – 111 – 42201 – 3

Ⅰ. ①建… Ⅱ. ①白…②刘… Ⅲ. ①建筑材料 – 检测 – 职业教育 – 教材 Ⅳ. ①TU502

中国版本图书馆 CIP 数据核字（2013）第 077109 号

机械工业出版社（北京市百万庄大街 22 号 邮政编码 100037）
策划编辑：刘思海 责任编辑：刘思海
版式设计：霍永明 责任校对：程俊巧
封面设计：马精明 责任印制：常天培
北京机工印刷厂印刷
2022 年 1 月第 2 版·第 4 次印刷
184mm×260mm·14 印张·327 千字
标准书号：ISBN 978 – 7 – 111 – 42201 – 3
定价：33.00 元

教育部职业教育与成人教育司推荐教材
职业教育改革与创新规划教材

编委会名单

主 任 委 员　谢国斌　中国建设教育协会中等职业教育专业委员会
　　　　　　　　　　　　北京城市建设学校

副主任委员
　　　　　　　　黄志良　江苏省常州建设高等职业技术学校
　　　　　　　　陈晓军　辽宁省城市建设职业技术学院
　　　　　　　　杨秀方　上海市建筑工程学校
　　　　　　　　李宏魁　河南建筑职业技术学院
　　　　　　　　廖春洪　云南建设学校
　　　　　　　　杨　庚　天津市建筑工程学校
　　　　　　　　苏铁岳　河北省城乡建设学校
　　　　　　　　崔玉杰　北京市城建职业技术学校
　　　　　　　　蔡宗松　福州建筑工程职业中专学校
　　　　　　　　吴建伟　攀枝花市建筑工程学校
　　　　　　　　汤万龙　新疆建设职业技术学院
　　　　　　　　陈培江　嘉兴市建筑工业学校
　　　　　　　　张荣胜　南京高等职业技术学校
　　　　　　　　杨培春　上海市城市建设工程学校
　　　　　　　　廖德斌　成都市工业职业技术学校

委　　　员　（排名不分先后）

王和生	张文华	汤建新	李明庚	李春年	孙　岩
张　洁	金忠盛	张裕洁	朱　平	戴　黎	卢秀梅
白　燕	张福成	肖建平	孟繁华	包　茹	顾香君
毛　苹	崔东方	赵肖丹	杨　茜	陈　永	沈忠于
王东萍	陈秀英	周明月	王莹莹（常务）		

第2版前言

本书是职业教育与成人教育司推荐教材,是在第1版基础上修订而成的。本书第1版自2006年出版以来,被广大职业院校采用,多次重印。鉴于出版至今检测技术的不断进步、有关标准的更新,以及职业教育的改革,编者组织了本书的修订工作。

在保留原书特色的基础上,主要从以下方面进行了修订:

1)采用了最新的标准,如《通用硅酸盐水泥》国家标准第1号修改单(GB 175—2007/XG1—2009)、《水泥标准稠度用水量、凝结时间、体积安定性检验方法》(GB/T 1346—2011)、《建筑用砂》(GB/T 14684—2011)、《建筑用卵石、碎石》(GB/T 14685—2011)、《普通混凝土配合比设计规程》(JGJ 55—2011)、《砌筑砂浆配合比设计规程》(JGJ/T 98—2010)、《屋面工程技术规范》(GB 50345—2012)等。

2)增加了部分内容。根据毕业生从事检测岗位的实际工作情况,增加了混凝土配合比设计单的解读与应用、砌体材料的性能检测、常用建筑钢材及钢筋焊接的性能检测等内容,从而实现了企业实际工作内容与学校教学内容的对接。

3)本书配套建筑工程材料实训指导书,一方面方便各校的实训安排,另一方面增强学生的动手能力和实战经验,为今后的学习打下扎实的基础。

本书由白燕、刘玉波任主编,李梅、尹国英任副主编。全书编写分工如下:绪论、单元1、单元5由白燕编写;单元2课题1~5、单元7由李梅编写;单元2课题6、7由尹国英编写;单元3由刘玉波、潘继姮编写;单元4由王萃萃编写;单元6由王波编写。建筑工程材料实训指导书由白燕和李梅编写。

限于编者水平,教材中有不妥之处在所难免,敬请批评指正。

编 者

第1版前言

本教材是以培养学生专业操作技能和提高技术服务能力为出发点，紧密结合《中等职业学校建设行业技能型紧缺人才培养培训指导方案》的标准和要求，以企业现行需求为依据，为学生未来从事土建行业中材料检测及工程质量控制工作而配备的一本专业教材。

编写组在编写前进行了大量的市场调研，取得了诸多宝贵的实用依据和编写意见。编写教师均为常年从事建筑材料检测工作和专业教学工作的双师型教师，具有扎实的理论基础和丰富的实践经验。教材内容突出新、实、精、简、够的特点，且全部采用建筑行业最新的材料检测标准，突出技能培养特色，有很强的实用性。同时，教材配有：思考题、练习题及各种检测训练项目，便于学生课后学习巩固。

本教材由白燕、刘玉波任主编，梅小明、王英林任副主编。全书编写分工如下：辽宁省城市建设学校白燕编写绪论及单元1，李忠坤、李梅编写单元2，刘玉波、王英林编写单元3，杨晶编写单元4，王波编写单元5；成都市建设学校梅小明编写单元6；天津铁路工程学校柏明利编写单元7。全书由辽宁省沈阳市建设工程质量监督站教授研究员级高级工程师康立中，辽宁省建朋建筑技术咨询有限公司总工程师、高级工程师许金渤主审。

限于编者水平，教材中不妥之处在所难免，敬请批评指正。

编　者

目　　录

绪　　论

1. 建筑工程材料检测的定义

建筑工程材料检测，是指根据标准及其性能的要求，采用相应的试验手段和方法进行各种试验的过程。

2. 建筑工程材料检测的目的

检测试验工作的主要目的是取得代表质量特征的有关数据，并科学地评价工程质量。通过各种试验检测的数据能够合理地使用原材料，达到既保证工程质量又降低工程造价的目的。其中，材料性能测试是获得材料物理性能参数，发现新现象、新规律的主要途径。通过试验研究能够推广和发展新材料、新技术。

近几十年来，我国的建筑行业发展很快，建筑技术水平不断提高，一些新的建筑方法应用到了工程实践中，建筑材料也不断地更新换代。虽然从招标、工程管理、施工监理等方面可以对工程和材料的质量进行一定的控制，但是体现材料质量最直接的方法，还是通过对建筑材料的检测得出各种数据。对于低价中标来说，在工程上偷工减料以降低工程造价的事情时有发生，最近几年工程事故屡见不鲜，其中工程材料的质量问题占很大的比例。材料性能检测包括四个基本内容：①采用试验、测量、化验、分析和感观检查等方法测定产品的质量特性。②将测定结果同质量标准进行比较。③根据比较结果，对检验项目或产品做出合格性的判定。④对单件受检产品，决定合格放行还是不合格返工、返修或报废；对受检批量产品，决定接收还是拒收。为了保证工程质量，必须做好检测工作，检测的目的不仅仅是及时发现不合格的原材料，也不只是为了做一份合格的档案资料，更主要的是进行施工全过程质量问题的预防和控制。

3. 建筑工程材料的标准化

目前，我国绝大多数的建筑材料都制定出了产品的技术标准，其主要内容包括：产品规格、分类、技术要求、检测方法、验收规则、包装与标志、运输和贮存、抽样方法等。建筑材料的技术标准是建材产品质量的技术依据，它可以实现生产过程合理化以及设计、施工标准化。技术标准又是供需双方产品质量的验收依据和保证工程质量的先决条件。

（1）标准的分类　　我国建筑材料的技术标准分为国家标准、行业标准、地方标准和企业标准四级，并将标准分为强制性标准和推荐性标准两类，分别由相应的标准化管理部门批准并颁布。中国国家质量技术监督局是国家标准化管理的最高机关。国家标准和行业标准都是全国通用的标准，是国家指令性技术文件，各级生产、设计、施工等部门均必须严格遵照执行。

（2）各级标准的相应代号　　各级标准有各自的部门编号（见表0-1），其表示方法由标准名称、部门代号、标准顺序号和标准年份四部分组成。例如：《通用硅酸盐水泥》（GB 175—2007），标准部门代号为GB，标准顺序号为175，批准年份为2007年。

随着建筑市场的国际化，一些建筑工程中常会涉及其他国家的标准，对此，我们也应有所了解。例如"ASTM"代表美国国家标准；"BS"代表英国国家标准；"DZN"代表德国国家标准。另外，在世界范围内统一执行的标准为国际标准，其代号为"ISO"。标准是根据一定时期的技术水平制定的，因而随着技术的发展与使用要求的不断提高，标准也需要不断地进行修订。本书虽然全部使用最新的标准与规范，但随着时间的发展，讲授本书时仍然要注意搜索与本书所对应的新标准与新规范。

表 0-1　各级标准的相应代号

标准级别	标准代号及名称
国家标准	GB——强制性国家标准；GB/T——推荐性国家标准 ZB——国家级专业标准（有关建筑材料的为 ZBQ）
行业标准	JGJ——建设部行业标准；JC——建设部建筑材料标准；JC/T——推荐性建筑材料标准
地方标准	DB——地方标准
企业标准	QB——企业标准

4. 材料检测技术的发展

检测技术的发展经历了几百年的历史。1638 年，伽利略首先提出以力学性能为基础的材料强度的概念；17 世纪以后，胡氏和杨氏对材料的力学性能进行了系统的测试和理论研究；19 世纪初，英国设计并制造出 300t 卧式拉伸试验机；1949 年，美国设计并制造出电子拉伸试验机。1960 年以后，电子学、光学、声学和液压技术获得迅速发展，电子技术与无线电技术、自动控制技术、计算机技术、数字显示技术、应力-应变测量技术、近代无损检测技术等逐渐得到广泛应用，使现代检测技术飞速发展。

5. 本课程的内容、任务、学习方法

（1）本课程的内容、任务　本课程的主要内容包括水泥、集料、普通混凝土、外加剂、建筑砂浆、建筑钢材、防水材料等的试验方法和检测规则，同时介绍了误差和数据处理的基本方法。重点要求掌握材料的技术性能指标，并必须具备对常用建筑材料主要技术性能指标进行检测的能力。

本课程是一门实践性较强的专业技术课，通过系统的学习，掌握一定的试验技能，使学生在今后的工作实践中学会鉴定和检测常用的建筑材料，从而培养严谨的科学态度，实事求是的工作作风和较强的科研能力。

（2）学习方法

1）抓住重点内容，即常用建筑材料的技术性能指标、检测标准和方法。

2）采用对比、归纳的学习方法，切忌死记硬背。

3）认真做好材料的检测，及时写好试验报告，掌握一定的试验技能。

4）密切联系工程实际，充分利用参观、实习的机会，提出一些问题，在实践中验证和补充书本上所学的内容。

【复习思考题】

0-1　我国建筑材料的标准分为哪几级？如何表示？试查出建筑用砂最新标准。

0-2　简述建筑材料性能检测包括哪些内容。

0-3　简述本课程的内容和任务。

单元1　检测管理和基础知识

【单元概述】

本单元介绍了材料性能测试的分类、检测单位的工作流程和规定、见证取样制度的相关内容及检测数据的处理方法。

【学习目标】

通过本单元的学习，了解检测单位的性质、特点，掌握数值修约规则及见证取样的规定内容；理解材料性能测试的一般程序；具备分析和评定建筑材料技术指标的基本能力。

课题1　检测工作的基础

1.1.1　材料性能检测技术的分类

1. 宏观检测技术

宏观检测技术是指利用各种仪器设备对材料的物理或物理化学性能进行检测、研究，包括材料的力学性能、物理性能、化学性能、热工性能、光学性能、装饰性能等。

2. 微观检测技术

微观检测技术是指采用现代检测技术研究材料原子、分子、晶体、非晶体等与物质性质的关系。微观检测技术的对象一般指空间线度在10nm以内的结构，由微观结构到目视范围内的亚微观结构也包括在内。例如用X射线衍射仪研究晶体、非晶体形态；用电子显微镜观察原子结构；利用差热分析仪观察材料在热变化时的热反应；利用压泵仪对材料的孔结构进行分析等现代测试技术。

1.1.2　材料性能的检测方法和指标

1. 按材料品种分

建筑材料包括无机材料、有机材料和复合材料三大类。不同种类的材料性能存在共性，因此在检测时，不同品种材料检测的主要指标存在差异。

如无机金属材料具有较高的抗拉强度，也具有较高的抗压强度，作为受拉材料更为有效，而用作受压件时，若为细长杆件，则容易失稳，为此需增加杆件截面积，但材料的强度值未能充分得到应用，所以常用拉伸试验对金属材料进行检测。大多数无机非金属材料都具有较大的脆性，例如混凝土、砂浆、砖瓦、石材等制品，其抗拉强度与抗压强度相比很低，因此无机非金属材料主要检测其抗压强度，并以此划分等级。

建筑工程中应用的有机高分子材料有沥青、塑料、木材以及涂料等。沥青以黏性、塑性、耐热性等作为其主要性能指标，涂料以黏度、遮盖力、耐老化等作为其性能指标。

2. 按材料性能分

按照材料性能的不同，主要检测以下指标。

1）物理性能：材料的密度、表观密度、孔隙率等。

2）化学性能：材料的耐酸性、耐碱性、抗腐蚀性。

3）物理化学性能：吸水性、防水性、电化学腐蚀性、收缩与膨胀性等。

4）力学性能：拉伸、压缩、剪切和弯曲强度，弹性、塑性、脆性、韧性、冲击强度等。

5）热学性能：绝热性、热膨胀性、传热性等。

6）光学性能：光泽度、白度、色度等。

7）声学性能：吸声性、隔声性等。

3. 按材料破损状况分

按检测后试件破损或无破损可分为破损试验与非破损试验两大类。破损试验是常用的检测方法，是指用各种试验机施加荷载，直到试件破坏为止。非破损试验如超声波、表面硬度法、电磁法等，测试后试件不破坏，仍有使用价值。

本书主要按材料的不同性能设立单元及课题，重点在材料的力学性能，同时对主要结构材料的耐久性等内容进行了介绍。

1.1.3　常用材料的基本性质、代号和单位

常用材料的基本性质、代号和单位见表1-1。

表1-1　常用建材的基本性质、代号和单位

名　称	代　号	公　式	常用单位	说　明
密度	ρ	$\rho = m/V$	kg/m^3, g/m^3	m:材料在干燥状态下的质量 V:材料在绝对密实状态下的体积
表观密度	ρ_0	$\rho_0 = m/V_0$	kg/m^3, g/m^3	m:材料在干燥状态下的质量 V_0:材料在自然状态下的体积
堆积密度	ρ_L	$\rho_L = m/V_L$	kg/m^3, g/m^3	m:材料在干燥状态下的质量 V_L:粉状或粒状材料在堆积状态下的体积
强度	f	$f = F/A$	$1Pa = 1N/m^2$ $1MPa = 10^6 Pa$	F:材料破坏时的荷载 A:受力面积
含水率	ω_{WC}	$\omega_{WC} = m_{水}/m$	%	$m_{水}$:材料中所含水的质量 m:材料在干燥状态下的质量
饱和面干含水率	ω_{Wa}	$\omega_{Wa} = \dfrac{(G_1 - G)}{G}$	%	G_1:材料在饱和面干状态下的质量 G:材料在干燥状态下的质量
导热系数	λ	—	$W/(m \cdot K)$	$1Kcal/(m \cdot h \cdot ℃) = 1.163W/(m^2 \cdot K)$

1.1.4　材料的耐久性与破坏因素

建筑工程材料在使用环境中，长期在各种破坏因素的作用下，不破坏、不变质，这种保持原有性质的能力称为材料的耐久性。耐久性是材料的一项综合性质。材料的耐久性与破坏因素的关系见表1-2。

表 1-2 建筑材料主要耐久性与破坏因素的关系

名 称	破坏因素分类	破坏因素	评定指标
抗渗性	物理	压力水、静水	渗透系数、抗渗等级
抗冻性	物理、化学	水、冻融作用	抗冻等级、耐久系数
钢筋锈蚀	物理、化学	H_2O、O_2	电位锈蚀率
碱集料反应	物理、化学	R_2O、O_2	膨胀率

1.1.5 检测工作流程

检测工作流程如图 1-1 所示。抽样方法按我国现行的国家标准实行，如对检测结果有异议，可在规定日期内对预留样品进行复测。

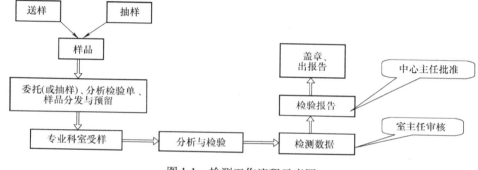

图 1-1 检测工作流程示意图

1.1.6 抽样技术

1. 全数检查和抽样检查

要对产品质量进行检验，首先要抽取样品。取样方法按照取样数量可分为全数检查和抽样检查。全数检查是对全部产品逐个检查，剔除不合格品。要进行全数检查，必须采用非破损的测试方法，不能影响产品的正常使用。对于一些特殊商品的重要性能指标需要进行全数检查，如流体输送用钢管及混凝土上水管要求每根都要进行液压试验，合格后方能出厂。但对于大多数产品，由于数量巨大，全数检查的检测成本过高，因此多采用抽样检查。抽样检查是从检验批中抽取规定数量的产品作为样本进行检查，再根据所得数据，运用数理统计知识评价检验批总体的质量。抽样检查所研究的问题包括三个方面：一是如何从批中抽取样品，即采用什么样的抽样方法；二是从批中抽取多少个单位样品，即样本容量的大小；三是如何根据样本的质量数据来判定批是否合格，即确定判定规则。抽样方法、样本大小和判定规则即构成了抽样方案。

2. 抽样方法简介

从检查批中抽取样本的方法称为抽样方法。抽样方法的正确性是指抽样的代表性和随机性。代表性反映样本与该批质量的接近程度，即样本与总体的分布相同，而随机性反映检查批中单位产品被抽入样本是由随机因素所决定的，即各个样本单位的抽取相互独立。样品没有代表性就会产生对总体质量的误判。当试验对象为均匀总体时，即试验对象的各个部位都是相同分布的，随机抽样是最基本的方法。在对总体质量状况一无所知的情况下，显然不能以主观的限制条件去提高抽样的代表性，抽样应当是完全随机的，这时采用简单随机抽样最为合理。在对总体质量构成有所了解的情况下，可以采用分层随机抽样或系统随机抽样来提高抽样的代表性。在采用简单随机抽样有困难的情况下，可以采用代表性和随机性较差的分段随机抽样或整群随机抽样。这些抽样方法除简单随机抽样外，都是带有主观限制条件的随机抽样法。通常只要不是有意识地抽取质量好或坏的产品，尽量从批的各部分抽样，都可以近似地认为是随机抽样。

1.1.7　见证取样检测制度

取样是指按有关技术标准、规范的规定，从检测对象中抽取试验样品的过程。取样要有代表性，这直接关系到试验结果的准确性。不具代表性的样品不能真实反映材料批的质量，故每种材料各检验项目的取样方法及取样数量在相应的标准、规范中均有规定。取样人员要熟悉各种材料标准中取样的规定，同时应规范操作，以保证所取样品的代表性。

样品抽取后，应将样品从施工现场送至有法定资格的工程质量检测单位进行检验，从抽取样品到送至检测单位检测的过程是工程质量检测管理工作的第一步。为强化这个过程的监督管理，杜绝因试件弄虚作假而出现试件合格而工程实体质量不合格的现象，建设部颁发了《建设工程质量检测管理办法》（建质〔2005〕141号），在建设单位和监理单位人员见证下，由施工人员在现场取样，送至试验室进行试验。

1.1.8　材料性能检测的主要仪器和设备

仪器与设备是建筑工程材料试验的基本手段。在建筑工程材料检测中所用到的仪器设备，按照仪器用途可分为通用仪器设备和专用仪器设备。通用仪器设备主要包括各种衡器、容量计量器具、材料试验机、变形材料仪器等。

1. 衡器

质量测量是通过各种衡器测得的。衡器的种类很多，主要有杠杆、机械式秤和电子秤三类。杠杆在我国有悠久的历史，但由于操作不便，计量精度和精准度差，已被淘汰。机械式秤是指以机械结构为支点的称量器具的统称，包括天平、案秤、台秤、弹簧秤，以及工业用大型和专用衡器。电子秤是用来对货物进行称量的自动化称重设备，经称重仪表处理来完成对货物的计量。

2. 量器

量器主要用于液态物质的计量。量器的形式很多，习惯上根据量器的容量大小划分为两类。容量小于或等于20L时，称为小容量计量器；容量大于20L时，称为大容量计量器。建筑材料检测试验主要使用小容量计量器，大都是玻璃制成的。常用玻璃量器主要有量筒、量杯、容量瓶、单标线吸管、分度吸管和滴定管等。

某些量器规定有"等待时间"。所谓等待时间就是把量器中的工作介质放出时，经过一段等待时间后再读数，目的是使有黏性的液体有足够的时间流出，以便量器壁尽可能少地残留液体。

3. 材料试验机

试验机是在各种条件、环境下测定材料性能的检测仪器。在开发新材料，研究新工艺、新技术和新结构的过程中，试验机是一种不可缺少的重要检测仪器。材料试验机的种类很多，可按照试验机的加荷方式、测力方式、结构特点及用途分类。

（1）按加荷方式分类　材料试验机按加荷方式可分为机械传动式试验机和油压传动式试验机两类。机械传动式试验机是利用螺旋和齿轮、蜗轮蜗杆传动机构，带动有活动横梁的荷重丝杆上升或下降，使试验机产生拉伸或压缩，这种加荷方式的加荷吨位小，一般在 10t 以下。而油压传动试验机是以油泵和油缸使活塞升降，使试验机产生压缩或拉伸，这种试验机的加荷吨位可达数百吨。

（2）按测力方式分类　材料试验机按照测力方式可分为杠杆材料试验机、摆锤测力试验机、弹簧测力试验机、电子测力试验机。此外，还有压力表测力试验机和电阻应变式传感器测力试验机。

（3）按结构特点分类　材料试验机按结构特点分为立式试验机和卧式试验机两大类。立式试验机是垂直放置的，适用于试件尺寸较小的试验机，也是常用的一种试验机形式。而卧式试验机体积较大，适用于试件尺寸较大的试验，如钢绞线静载试验、大型管材的拉伸等。

（4）按用途分类　材料试验机按照用途可分为拉力试验机、压力试验机、万能试验机、扭转试验机和蠕变试验机等。拉力试验机只能做拉伸试验；压力试验机主要用于压力试验，配置夹具也可做弯曲试验；万能试验机可以做拉伸、压缩弯曲、剪切等试验。

4. 变形测量仪器

材料在受到外力作用时，内部产生应力的同时也产生了应变，无机非金属材料通常变形较小，金属材料变形较大，而有些有机材料的变形可以达到 400% 以上。为了测量材料性能试验中所产生的变形，常采用变形放大机构将变形放大，或将变形转化为电阻的变化来间接测量材料的变形。测量变形的仪器常用的有百分表、千分表、杠杆式引伸仪和电阻应变仪等。

5. 非破损检测仪器

建筑工程材料检测中常用的有混凝土钻孔取芯机、混凝土回弹仪、金属和非金属超声波仪等。

1.1.9　校准与检定

1. 校准

校准指校对机器、仪器等使其准确或指在规定条件下，为确定测量仪器或测量系统所指示的量值，或实物量具或参考物质所代表的量值，与对应的由标准所复现的量值之间关系的一组操作。校准可能包括以下步骤：检验、矫正、报告，或通过调整来消除被比较的测量装置在准确度方面的任何偏差。

2. 试验机的检定

材料试验机使用及维修后都会影响其精确度，而试验机的精确度直接影响到试验结果的准确性。试验机的精确度越高，表示试验机刻度盘或电子显示的载荷数值与材料试样在试验机上所承受的实际载荷之间的误差越小。国家标准规定了试验机的误差范围，为了保证试验机的误差在国家标准规定的标准范围内，必须对试验机进行定期的检定，一般规定一年一次。

1.1.10　委托单、原始记录的填写

1）送试各种原材料检验的单位，必须认真填写试验委托单。例如，水泥试验委托单要写明水泥生产厂名及牌号、水泥品种、强度等级、出厂合格证号、出厂日期、工程名称、委托单位、进厂数量、委托日期和要求做试验的项目。委托单必须有取样见证人和送试人签名或盖章。

2）收件人将验证委托单填写齐全，并确认其与试样相符合后，登记在收样台账上，通知试验员。试验员接到委托单，按顺序在委托单上编写试验编号。试验编号应根据委托单的进场吨数而定，如袋装水泥总量不超过200t，散装水泥总量不超过500t，可作为一组水泥试件的一个试验编号，如果多个委托单由一家送试，且都是同一水泥厂生产的同品种、同强度等级、总批量不超过200t的袋装水泥，可打小号组合成一组水泥试件编号。

3）原始记录是一种书面的、规范的具体表现形式。原始记录要求在试验过程中填写，并且对完成的检验结果提供客观依据。若某项填写错误，不允许涂抹，应在错项上划二横杠，将正确的填写在其上方，并在此处盖上修改人的试验章。

4）归档时，要求委托单、发出报告、原始记录，每50份一装订，并且每份试验编号三单要一致。

水泥试验委托单见表1-3。

表1-3　水泥试验委托单

（取送样见证人签章）	试验编号：＿＿＿＿＿＿＿＿＿
委托日期：＿＿＿＿＿年＿＿月＿＿日	建设单位：＿＿＿＿＿＿＿＿＿
委托单位：＿＿＿＿＿＿＿＿＿＿＿	工程名称：＿＿＿＿＿＿＿＿＿
主要使用部位：＿＿＿＿＿＿＿＿＿	水泥品种及标号：＿＿＿＿＿＿
生产厂厂名：＿＿＿＿＿＿＿＿＿＿	出厂合格证号：＿＿＿＿＿＿＿
出厂日期：＿＿＿＿＿年＿＿月＿＿日	进场数量：＿＿＿＿＿＿＿＿＿

主要检测项目（在序号上画"√"）：1. 抗压强度　2. 抗折强度　3. 凝结时间　4. 体积安定性

其他检验项目：

送样人：＿＿＿＿＿＿＿＿＿　　　收样人：＿＿＿＿＿＿＿＿＿

1.1.11　检测单位的管理

1）检测单位必须严格执行国家和省的有关技术标准，并在检测报告中注明所采用的技术标准。

2）检测单位应参照《实验室认可准则》（CNAL/AC01：2005）建立质量体系，积极参加实验室能力认证和实验室之间的对比试验，以保证检测工作的可靠性和公正性。

3）检测单位完成检测业务后，应当及时出具检测报告，检测报告的内容、数据及结论必须准确可靠，须出具鉴定意见的，应明确提出，并由电脑打印，不得涂改。检测报告必须具有试验员、审核人及技术负责人的签字，加盖计量认证章（CMA章）和检测报告专用章。检测机构对其出具的检测报告承担相应的法律责任。

4）工程中涉及结构安全的试块、试件以及有关建筑材料的质量检测，实行见证取样送检制度和监督抽检制度。未经见证取样送检的检测报告，一律不得作为竣工验收

资料。

5）检测单位在受理委托检测时，应对试样的见证取样或监督抽查送检的有效性进行确认，经确认后的检测项目，其检测报告应加盖"有见证检验"或"监督抽检"印章。

6）检测单位应建立档案管理制度。检测合同、委托单、检测报告应当按年度统一编号，编号应连续，不得随意抽撤。

7）检测单位应当单独建立不合格检测项目的台账。

1.1.12 不合格处理

各检测单位根据原材料和单位工程的不同，建立各种不同的登记台账。对于不合格材料的处理方式，一般检测单位的工作程序是：首先建立《不合格台账》，接着把不合格结果及时通知给送检单位和主管监督机构，然后定期向工程质量监督站反馈不合格信息。各施工、建设单位应根据实际情况，认真记好工地材料不合格台账，对不合格的项目做出妥善处理，并及时将处理结果反馈给主管部门。

课题2 数据统计分析及处理

为了得到准确的检测结果，检验人员不仅要认真操作，还要运用统计分析的方法，从多次的测量数据中，估算出最接近真值数据的测量结果。

1.2.1 检测数据的真值

从测量者的主观愿望来说，总想测出物理量的真值。然而任何实际测量都有误差，误差贯穿于测量的全过程。在实验科学中真值的定义为无限多次观测值的平均值。但实际测定的次数总是有限的，由有限次数求出的平均值，只能近似地接近于真值，可称此平均值为近似真值。

1.2.2 误差的种类及表示方法

1. 误差的种类

根据误差来源将误差分为系统误差、随机误差、粗大误差三类。

（1）系统误差 系统误差是由某些固定不变的因素引起的，在测量之前就存在，并具有规律性、可预测性。试验条件一经确定，系统误差就是一个客观上的恒定值，多次测量的平均值也不能减弱它的影响。产生系统误差的原因是环境的因素、操作人员的习惯和偏向、动态测定时的滞后现象、实验的设计原理有失误等。通常，系统误差会使测量值产生过高或过低的偏差，偏差量大致相同。

（2）随机误差 它是由某些不易控制的因素造成的。在相同条件下多次测量，其误差数值是不确定的，时大时小，时正时负，没有确定的规律，这类误差称为随机误差或偶然误差。这类误差产生原因不明，因而无法控制和补偿。随着测量次数的增加，随机误差的算术平均值趋近于零，所以多次测量结果的算术平均值将更接近于真值。

（3）粗大误差 粗大误差是一种与实际事实明显不符的误差，误差值可能很大，且无一定的规律。它主要是由于试验人员的粗心大意和操作不当造成的，如读错数据，操作失误等。在测量或实验时，只要认真负责就可以避免这类误差。存在粗大误差的观测值，在实验数据整理时应该剔除。

2. 误差的表示方法

（1）绝对误差　绝对误差是测量值（X 是单一测量值或多次测量的均值）与实际值（X_t）之差，它有正负之分。

$$绝对误差 = X - X_t$$

（2）相对误差　相对误差是指绝对误差与实际值之比（常以百分数表示）：

$$相对误差 = \frac{X - X_t}{X_t} \times 100\%$$

1.2.3　测试精度

1. 准确度

准确度是指测量值与真值（或公认值）的偏差程度。准确度高，说明测量结果的近似值与真值非常接近，系统误差小。

2. 精密度

精密度是当多次重复测量时，不同测量值彼此间偏差量的大小。如果多次测量时，彼此间结果皆很接近，则视为精密度较高。精密度表示测量数据的集中程度。精密度高，说明测量数据集中，随机误差小。

3. 精确度

精确度表示测量值与真值的一致程度。精确度高说明随机误差和系统误差都小。测量数据集中在真值附近。

1.2.4　测量不确定度

对材料的任何特性参数（物理参数或化学参数）进行检测或测量时，不管方法和仪器设备如何完善，其测量结果始终存在着不确定性，这种不确定性是用测量误差来描述的。然而，对材料的许多特征参数，真值是无法知道的。此时，常用近似真值代替，而近似真值本身就具有不确定性，因此，误差本身也存在着相当的不确定度。误差表明了测量结果偏离真值的大小，但具有不确定的因素存在，这个不确定因素的大小是不知道的。而且，误差不能给出置信区间和置信概率的概念。因此，测量结果的不确定性用误差来描述是不完善和不确切的，应当采用测量不确定度。测量不确定度按某一置信概率给出真值可能落入的区间。它可以是标准差或其倍数，或是说明了置信水准区间的半宽。它不是具体的真误差，它只是以参数的形式定量表示了无法修正的那部分误差范围，是用于表征合理赋予的被测量值的分散性参数。测量不确定度与测量误差间的主要区别见表1-4。

表1-4　测量误差与测量不确定度之间存在的主要区别

序号	内　容	测量误差	测量不确定度
1	定义的要点	表明测量结果偏离真值的程度，是一个差值	表明赋予被测量值的分散性，是一个区间

（续）

序号	内　容	测量误差	测量不确定度
2	评定结果	为有正号或负号的量值，其值为测量结果减去被测量的真值，由于真值未知，往往不能准确得到，当用约定真值代替真值时，只可得到其估计值	是无符号的参数，用标准差或标准差的倍数或置信区间的半宽表示，由人们根据试验、资料、经验等信息进行评定，可以通过A、B两类评定方法定量确定
3	可操作性	由于真值未知，只能通过约定真值求得其估计值	按试验、资料、经验评定，试验方差是总体方差的无偏估计
4	影响因素	客观存在的，不受外界因素的影响，不以人的认识程度而改变	由人们经过分析和评定得到，因而与人们对被测量、影响量及测量过程的认识有关
5	合成的方法	为各误差分量的代数和	当各分量彼此独立时为方根和，必要时加入协方差
6	结果的修正	已知系统误差的估计值时，可以对测量结果进行修正，得到已修正的测量结果	不能用不确定度对结果进行修正，在已修正结果的不确定度中应考虑修正不完善引入的分量
7	结果的说明	属于给定的测量结果，只有相同的结果才有相同的误差	合理赋予被测量的任一个值，均具有相同的分散性

1.2.5　统计分析的方法

1. 算术平均值 $\overline{X}$

算术平均值表示测量数据的集中量。

$$\overline{X} = \frac{X_1 + X_2 + \cdots + X_n}{n} = \frac{\sum\limits_{i=1}^{n} X_i}{n}$$

式中　n——测量次数；

　　　X_i——各次的测量值。

2. 均方根平均值 S

均方根平均值表示对数据的跳动反应敏感度。

$$S = \sqrt{\frac{X_1^2 + X_2^2 + \cdots + X_n^2}{n}} = \sqrt{\frac{\sum\limits_{i=1}^{n} X_i^2}{n}}$$

3. 偏差 d

为了解测量数据与平均值的偏离程度，于是定义每一个数据与平均值的差值，称为偏差。

$$d_1 = X_1 - \overline{X}, \ d_2 = X_2 - \overline{X}, \cdots, d_n = X_n - \overline{X}$$

4. 方差 σ^2

方差是指测量数据与其算术平均值差的平方的平均数。

$$\sigma^2 = \frac{1}{n} \sum_{i=1}^{n} (X_i - \overline{X})^2$$

5. 标准差 σ

标准差是指描述数据分散程度经常使用的统计量。σ 越小，数据越集中于均值附近。

$$\sigma = \sqrt{\frac{\sum\limits_{i=1}^{n}(X_i - \overline{X})^2}{n-1}} = \sqrt{\frac{\sum\limits_{i=1}^{n} X_i^2 - n\overline{X}^2}{n-1}}$$

6. 变异系数 δ

考虑相对波动的大小，用平均值的百分率表示标准差，即变异系数。

$$\delta = \frac{\sigma}{\overline{X}} \times 100\%$$

7. 极差 R

极差是指一组测量值中最大值 (X_{max}) 与最小值 (X_{min}) 之差，表示误差的范围。

$$R = X_{max} - X_{min}$$

【例 1-1】　某高层建筑，现浇 C30 混凝土，做试件 11 组（配合比基本一致）。试压强度代表值分别为：$f_{cu1} = 30.8$、$f_{cu2} = 31.8$、$f_{cu3} = 33.0$、$f_{cu4} = 29.8$、$f_{cu5} = 32.0$、$f_{cu6} = 31.2$、$f_{cu7} = 34.0$、$f_{cu8} = 29.0$、$f_{cu9} = 31.5$、$f_{cu10} = 32.3$、$f_{cu11} = 28.8$，单位为 MPa。求算术平均值及标准差。

【解】　算术平均值 $\overline{X} = \dfrac{\sum\limits_{i=1}^{n} X_i}{n} = \dfrac{30.8 + 31.8 + 33.0 + \cdots + 28.8}{11}\text{MPa} = 31.3\text{MPa}$

$$
\begin{aligned}
\text{标准差 } \sigma &= \sqrt{\frac{\sum\limits_{i=1}^{n} X_i^2 - n\overline{X}^2}{n-1}}\\[2mm]
&= \sqrt{\frac{(30.8^2 + 31.8^2 + 33.0^2 + \cdots + 28.8^2) - 11 \times 31.3^2}{10}}\text{MPa}\\[2mm]
&= \sqrt{\frac{10796.34 - 10776.59}{10}}\text{MPa} = \sqrt{\frac{19.75}{10}}\text{MPa} = 1.40\text{MPa}
\end{aligned}
$$

1.2.6　有效数字及其计算

1. 有效数字的定义

测量结果中准确数和一位估计数合称为测量值的有效数字。比如，米尺的最小刻度是 mm，如果测的某个物体长度为 58.6mm，则认为这 3 个数字是客观有效的数字。

在一些测量结果中，往往包括若干个 "0"，它算不算有效数字呢？这要具体分析。例如：0.05060km，其中包括了 4 个 "0"。中间的 "0" 为准确数字，最后的 "0" 为估计数，均为有效数字。而前面 2 个 "0"，只起定位作用，不算有效数字。随着单位的变换，小数点的位置会发生相应变化。例如：0.04080km = 40.80m = 4080cm。

2. 有效数字的科学表达方法

例如：582cm = 5.82m = 5820mm。前 2 个均为 3 位有效数字，第 3 个却为 4 位有效数字。这样的变换不符合有效数字的规则，应该为 5.82×10^3mm，这种表示方法比较科学，故称为科学计数法。它的具体要求是：整数部分只保留一位，且不能为 "0"，其他数字均放在小数部分，然后乘以 10 的幂，即：$X.XX\cdots\times10^{n}$（单位）。

3. 尾数的舍入方法

尾数的舍入方法应严格遵照《中华人民共和国国家标准数值修约规则》（GB/T 8170—1987）的规定，即：四舍六入五考虑，五后非零则进一，五后皆零视奇偶，五前为偶应舍去，五前为奇则进一。不许连续修约，拟修约数字应在确定修约位数后 1 次修约获得结果。

【例 1-2】　将下列数据修约到只保留一位小数：12.5426、13.3631、18.8533、18.8500、18.7500。

【解】　按照上述修约规则，即：

1）修约前　　　修约后
　　12.5426　　　12.5

2）修约前　　　修约后
　　13.3631　　　13.4

3）修约前　　　修约后
　　18.8533　　　18.9

4）修约前　　　修约后
　　18.8500　　　18.8

5）修约前　　　修约后
　　18.7500　　　18.8

【例 1-3】　将 20.4546 修约成整数。

【解】　正确的做法：

修约前　　　修约后
20.4546　　　20

不正确的做法：

修约前　　1 次修约　　2 次修约　　3 次修约　　4 次修约
20.4546　　20.455　　20.46　　　20.5　　　　20

4. 0.5 单位修约与 0.2 单位修约

1）0.5 单位修约　0.5 单位修约是指修约间隔为指定位数的 0.5 单位。具体步骤是：将拟修约数值乘以 2，按指定数位依进舍规则修约，所得数值再除以 2。

【例 1-4】　将下列数字修约到个位数的 0.5 单位（见表 1-5）。

表 1-5　0.5 单位修约方法

拟修约数值（A）	乘 2（$2A$）	$2A$ 修约值	A 修约值
60.25	120.50	120	60.0
60.38	120.76	121	60.5
−60.75	−121.50	−122	−61.0

2）0.2 单位修约　0.2 单位修约是指修约间隔为指定位数的 0.2 单位。具体步骤是：将拟修约数值乘以 5，按指定数位依进舍规则修约，所得数值再除以 5。

【例 1-5】　将下列数字修约到"百"数位的 0.2 单位或修约间隔为 20（见表 1-6）。

表 1-6　0.2 单位修约方法

拟修约数值（A）	乘 5（5A）	5A 修约值（修约间隔为 100）	A 修约值（修约间隔为 20）
830	4150	4200	840
842	4210	4200	840
−930	−4650	−4600	−920

1.2.7　国际单位制的基本单位与常用的倍数单位

国际单位制基本单位和常用倍数单位分别见表 1-7 和表 1-8。

表 1-7　国际单位制的基本单位

量的名称	单位名称	单位符号	量的名称	单位名称	单位符号
长度	米	m	热力学温度	开［尔文］	K
质量	千克（公斤）	kg	物质的量	摩［尔］	mol
时间	秒	s	发光强度	坎［德拉］	cd
电流	安培	A	—	—	—

表 1-8　常用的倍数单位表

所表示的因素	词头名称	词头符号	所表示的因素	词头名称	词头符号
10^6	兆	M	10^{-1}	分	d
10^3	千	k	10^{-2}	厘	c
10^2	百	h	10^{-3}	毫	m
10^1	十	da	10^{-4}	微	μ

1.2.8　数据处理

数据处理是实验不可缺少的一部分，对原始的实验数据进行归纳、分析、计算以便得出最后的结果。数据处理的方法很多，这里将介绍列表法、图示法、函数式。

（1）列表法　制作一个二维表格，将实验中所测的数据分类填入，并把一些间接测量值和相关运算填入即可。它的特点是：记录的数据一目了然，可以避免混乱和丢失。

（2）图示法　是将两列数据之间的关系用曲线表示出来，它简单、直观，因此是科学实验中最常用的数据处理方法。图示法在报告与论文中几乎都能看到，而且为整理成数学模型（方程式）提供了必要的函数形式。

（3）函数式　指借助于数学方法将实验数据按一定函数形式整理成方程即数学模型。

单 元 小 结

1）土木工程材料品种繁多，分类方法各异，主要掌握按材料品种与性能分类的方法。

2）材料性质是主要测试内容，其中包括物理与化学性质。应重点掌握材料常用的性质检测指标。

3）检测单位的管理：检测人员应秉公办事，认真按技术标准进行检测。检测单位出具的检测、鉴定报告必须数据可靠，要有试验、审核、主管人员签字，加盖公章，并留有存根备查。对于玩忽职守、弄虚作假者要依据情节严肃处理。

4）检测工作流程：通过框图反映检测单位的日常工作程序。

5）见证取样检测制度：检测单位在接受委托检验任务时，须由送检单位填写委托单，见证人员应在检验委托单上签名。

6）见证取样送检范围：涉及结构安全的试块、试件及有关建筑材料。

7）了解材料性能测试使用的仪器与检定、校准需要。

8）委托单、原始记录的填写：要求按照规定正确填写。

9）不合格处理规定：必须首先建立《不合格台账》。

10）检测数据存在误差：

①误差分类：系统误差、随机误差和粗大误差。

②误差表示方法：绝对误差和相对误差。

③准确度、精密度、精确度的区别：准确度高，精密度不一定高；精密度高，准确度不一定高；准确度与精密度都高则精确度高。误差与不确定度的主要区别见表1-4。

11）统计分析的方法：介绍了基本公式，其中算术平均值最常用。处理数据时，可用标准差作为判断数据离散的依据。

12）数据结果处理：

①有效数字的位数确定：重点介绍数字"0"的表示方法。

②有效数字的科学表示方法：$X. XX\cdots \times 10^n$（单位）。

③数值修约规则：四舍六入五考虑，五后非零则进一，五后皆零视奇偶，五前为偶应舍去，五前为奇则进一；不允许连续修约。

13）数据处理方法：列表法、图示法、函数法三种。

【复习思考题】

1-1 材料性能测试的分类方法与主要使用的测试仪器有哪些？

1-2 材料的基本性质与对应的指标是什么？

1-3 误差的种类及表示方法有哪些？误差与不确定度的区别是什么？

1-4 在计算中，保留的位数越多，这个数值就越准确吗？

1-5 确定下列数字的有效位数：0.0715、128.03、7.160×10^4。

1-6 将下列数字分别修约为3位和4位有效数字：0.526647、10.23500、18.085002、3517.46、250.65000。

1-7 将下列数字分别修约到个位数的0.5单位：201.35、165.38、157.67、68.98、-1028.45。

1-8 对经检验、检测不合格的原材料、部件、工程结构等应做哪些必要的程序处理？

单元2 混凝土、砂浆用原材料的性能检测

【单元概述】

本单元主要介绍了混凝土、砂浆用水泥、砂子、石子、粉煤灰、外加剂等原材料的性能指标、检测方法及评定标准。这些原材料的性能指标对建筑工程质量的控制和建筑工程成本的控制至关重要，并为混凝土、砂浆的配合比设计和性能指标的确定提供了原始依据。

【学习目标】

了解混凝土、砂浆中常用的原材料的种类；掌握水泥、砂子、石子、粉煤灰、外加剂等常用原材料的性能指标；熟练掌握水泥、砂子、石子、粉煤灰、外加剂的试验检测方法；具备分析和评定水泥、砂子、石子、粉煤灰、外加剂等原材料性能的基本能力。

课题1 水 泥 概 述

2.1.1 水泥的定义

水泥是一种粉状水硬性无机胶凝材料。它与水拌和后形成浆体，经一系列物理、化学作用后，既能在空气中硬化，又能更好地在水中硬化，并能把砂、石等材料牢固地胶结在一起，即水泥是一种水硬性胶凝材料。

水泥在建筑工程中的应用十分广泛，是最基本的建筑材料之一。在建筑工程中，水泥常用于拌制砂浆及混凝土，也常用作灌浆材料。按水泥中的主要矿物组成分，水泥可分为硅酸盐系列水泥、铝酸盐系列水泥、硫酸盐系列水泥、氟铝酸盐水泥、磷酸盐水泥等；按其用途和特性可分为通用水泥（也称一般水泥）、专用水泥和特性水泥。通用水泥是指目前建筑工程中常用的六大水泥，即硅酸盐水泥、普通硅酸盐水泥、矿渣硅酸盐水泥、火山灰硅酸盐水泥、粉煤灰硅酸盐水泥、复合硅酸盐水泥等；专用水泥是指有专门用途的水泥，如大坝水泥、油井水泥、砌筑水泥和道路水泥等；特性水泥是指某种性能比较突出的水泥，如快硬高强水泥、膨胀水泥、自应力水泥、耐火水泥、耐酸水泥、抗硫酸盐水泥、白色水泥等。专用水泥与特性水泥又可统称为特种水泥。在水泥的主系列中，适用于大多数工业与民用建筑工程的通用水泥品种有硅酸盐水泥、普通水泥、火山灰水泥、矿渣水泥、粉煤灰水泥及其他品种的硅酸盐水泥，它们均属于通用硅酸盐水泥系列。下面介绍常用水泥的定义、代号和适用范围。

2.1.2 通用硅酸盐水泥

1. 硅酸盐水泥

由硅酸盐水泥熟料、0～5%（占水泥质量的百分数）石灰石或粒化高炉矿渣以及适量石膏磨细制成的水硬性胶凝材料，称为硅酸盐水泥，即国外通称的波特兰水泥。

硅酸盐水泥分为两种类型：不掺加混合材料的称为Ⅰ型硅酸盐水泥，代号P.Ⅰ；在硅酸盐水泥粉磨时掺加不超过水泥质量5%的石灰石或粒化高炉矿渣混合材料的称为Ⅱ型硅酸盐

水泥，代号 P. Ⅱ。

2. 普通硅酸盐水泥

由硅酸盐水泥熟料、5%～20%（占水泥质量的百分数）混合材料以及适量石膏磨细制成的水硬性胶凝材料，称为普通硅酸盐水泥（简称普通水泥），代号：P. O。

3. 矿渣硅酸盐水泥

由硅酸盐水泥熟料、粒化高炉矿渣和适量石膏磨细制成的水硬性胶凝材料，称为矿渣硅酸盐水泥（简称矿渣水泥），代号：P. S。

矿渣硅酸盐水泥分为两种类型，水泥中粒化高炉矿渣掺加量按质量百分比计为 >20% 且 ≤50% 的，代号为 P. S. A；水泥中粒化高炉矿渣掺加量按质量百分比计为 >50% 且 ≤70% 的，代号为 P. S. B。

4. 火山灰质硅酸盐水泥

由硅酸盐水泥熟料、火山灰质混合材料和适量石膏磨细制成的水硬性胶凝材料，称为火山灰质硅酸盐水泥（简称火山灰水泥），代号：P. P。

水泥中火山灰质混合材料掺量质量百分比 >20% 且 ≤40%。

5. 粉煤灰硅酸盐水泥

由硅酸盐水泥熟料、粉煤灰和适量石膏磨细制成的水硬性胶凝材料，称为粉煤灰硅酸盐水泥（简称粉煤灰水泥），代号：P. F。水泥中粉煤灰掺量按质量百分比 >20% 且 ≤40%。

6. 复合硅酸盐水泥

由硅酸盐水泥熟料、两种或两种以上规定的混合材料和适量石膏磨细制成的水硬性胶凝材料，称为复合硅酸盐水泥（简称复合水泥），代号 P. C。水泥中混合材料掺加量质量百分比 >20% 且 ≤50%。

从上几种水泥的特性和适用范围见表 2-1。

表 2-1　几种通用水泥的性能特点及适用范围

序号	名称	代号	特性	适用范围	不适用范围
1	硅酸盐水泥	P. Ⅰ	早期强度高；水化热较大；抗冻性较好；耐蚀性差；干缩较小	一般土建工程中的钢筋混凝土及预应力钢筋混凝土结构；受反复冰冻作用的结构；配置高强混凝土	大体积混凝土结构；受化学及海水侵蚀的工程
		P. Ⅱ			
2	普通硅酸盐水泥	P. O	与硅酸盐水泥基本相同	与硅酸盐水泥基本相同	与硅酸盐水泥基本相同
3	矿渣硅酸盐水泥	P. S	早期强度较低、后期强度增长较快；水化热较低；耐热性较好；耐蚀性较强；干缩性较大；泌水较多	高温车间和有耐热耐火要求的混凝土结构；大体积混凝土结构；蒸汽养护的构件、有抗硫酸盐侵蚀要求的工程	早期强度要求高的工程；有抗冻要求的混凝土工程
4	火山灰质硅酸盐水泥	P. P	早期强度较低、后期强度增长较快；水化热较低；耐蚀性较强；抗渗性好；抗冻性差；干缩性大	地下、水中大体积混凝土结构和有抗渗要求的混凝土结构；蒸汽养护的构件；有抗硫酸盐侵蚀要求的工程	处在干燥环境中的混凝土工程；其他同矿渣硅酸盐水泥

（续）

序号	名称	代号	特性	适用范围	不适用范围
5	粉煤灰硅酸盐水泥	P. F	早期强度较低、后期强度增长较快；水化热较低；耐蚀性较强；干缩习惯较小；抗裂性较高；抗冻性差	地上、地下及水中大体积混凝土结构；蒸汽养护的构件；抗裂性要求较高的构件；有抗硫酸盐侵蚀要求的工程	有抗碳化要求的工程；其他同矿渣水泥
6	复合硅酸盐水泥	P. C	水化热较低、早期强度较高；其他同矿渣水泥	一般混凝土工程；大体积混凝土工程；配制砌筑、抹面砂浆	需要早强和受冻融循环、干湿交替的工程

2.1.3　特性水泥与专用水泥

1. 中热硅酸盐水泥

中热硅酸盐水泥是大坝水泥中的一种，简称中热水泥，是在适当成分的硅酸盐水泥熟料中加入适量石膏，磨细制成的具有中等水化热的水硬性胶凝材料。根据其 3d 和 7d 的水化放热水平及 28d 强度，分为 425 和 525 两个等级。中热水泥在水工水泥中的用量比例约为 30%，是我国目前用量最大的特种水泥之一，目前是三峡工程水工混凝土的主要胶凝材料。

中热水泥具有水化热低、抗硫酸盐性能强、干缩低、耐磨性能好等优点。

2. 低热矿渣硅酸盐水泥

低热矿渣硅酸盐水泥是指在适当成分的硅酸盐水泥熟料中加入适量石膏，磨细制成的具有低水化热的水硬性胶凝材料。

3. 快硬硅酸盐水泥

快硬硅酸盐水泥是指在硅酸盐水泥熟料中加入适量石膏，经磨细制成早强度高的以 3d 抗压强度表示标号的水泥。

快硬硅酸盐水泥适用于早强、高强混凝土工程以及紧急抢修工程和冬期施工等工程，但不得用于大体积混凝土工程和与腐蚀介质接触的混凝土工程。

4. 抗硫酸盐硅酸盐水泥

抗硫酸盐硅酸盐水泥是指在硅酸盐水泥熟料中加入适量石膏，经磨细制成的抗硫酸盐腐蚀性能良好的水泥。

5. 白色硅酸盐水泥

白色硅酸盐水泥是指在含少量氧化铁的硅酸盐水泥熟料中加入适量石膏，经磨细制成的白色水泥。

白色及彩色硅酸盐水泥主要用于建筑装修的砂浆、混凝土，如人造大理石、水磨石、斩假石等。

6. 道路硅酸盐水泥

由道路硅酸盐水泥熟料，质量分数为 0～10% 的活性混合材料和适量石膏磨细制成的水硬性胶凝材料称为道路硅酸盐水泥（简称道路水泥）。道路硅酸盐水泥用于道路施工工程。

7. 油井水泥

由适当矿物组成的硅酸盐水泥熟料、适量石膏和混合材料等经磨细制成的适用于一定井温条件下油、气井等固井工程用的水泥称为油井水泥。

8. 砌筑水泥

凡由一种或一种以上的水泥混合材料，加入适量硅酸盐水泥熟料和石膏，经磨细制成的工作性较好的水硬性胶凝材料，称为砌筑水泥，主要用于砌筑砂浆的低标号水泥，代号 M。

水泥中混合材料掺加量按质量百分比计，应大于 50%，允许掺入适量的石灰石或窑灰。

建筑工程中使用最多的水泥为硅酸盐类水泥，属于通用水泥。各品种水泥根据其胶结强度的大小，分为若干强度等级。本单元对工程中常用的通用水泥的性质、试验方法作详细阐述。

课题 2　水泥的主要技术指标要求及取样原则

2.2.1　通用硅酸盐水泥检测的主要技术指标

依据《通用硅酸盐水泥》国家标准第 1 号修改单 GB 175—2007/XG1—2009，列出工程中常用的主要技术指标。

1. 强度

水泥的强度是评定水泥质量的重要指标，也是划分水泥强度等级的依据。国家标准规定，采用水泥胶砂法测定水泥强度。该法是将水泥、标准砂以 1:3 的比例混合，水灰比为 0.5，按规定方法制成 40mm×40mm×160mm 的试件，在标准条件（20℃±1℃）和相对湿度不低于 90% 的情况下，养护 24h，再脱模放在标准温度（20℃±1℃）的水中养护，分别测定其 3d 和 28d 的抗折强度和抗压强度，来确定水泥的强度等级。

根据 3d 和 28d 的抗折强度和抗压强度划分硅酸盐水泥强度等级，并按照 3d 强度的大小分为普通型和早强型，早强型用"R"表示。

水泥强度等级按规定龄期的抗压强度和抗折强度来划分，各强度等级水泥的各龄期强度不得低于表 2-2 中的数值。

表 2-2　各强度等级水泥各龄期强度值

品　　　种	强度等级	抗压强度/MPa		抗折强度/MPa	
		3d	28d	3d	28d
硅酸盐水泥	42.5	≥17.0	≥42.5	≥3.5	≥6.5
	42.5R	≥22.0		≥4.0	
	52.5	≥23.0	≥52.5	≥4.0	≥7.0
	52.5R	≥27.0		≥5.0	
	62.5	≥28.0	≥62.5	≥5.0	≥8.0
	62.5R	≥32.0		≥5.5	
普通硅酸盐水泥	42.5	≥17.0	≥42.5	≥3.5	≥6.5
	42.5R	≥22.0		≥4.0	
	52.5	≥23.0	≥52.5	≥4.0	≥7.0
	52.5R	≥27.0		≥5.0	
矿渣硅酸盐水泥、火山灰质硅酸盐水泥	32.5	≥10.0	≥32.5	≥2.5	≥5.5
	32.5R	≥15.0		≥3.5	
粉煤灰硅酸盐水泥、复合硅酸盐水泥	42.5	≥15.0	≥42.5	≥3.5	≥6.5
	42.5R	≥19.0		≥4.0	
	52.5	≥21.0	≥52.5	≥4.0	≥7.0
	52.5R	≥23.0		≥4.5	

2. 凝结时间

试针沉入水泥标准稠度净浆至一定深度所需的时间称为凝结时间。水泥的凝结时间有初凝和终凝之分。自水泥加水拌和算起，到水泥浆开始失去可塑性，所需的时间称为初凝时间；自水泥加水拌和算起，到水泥浆完全失去可塑性，开始有一定结构强度所需的时间称为终凝时间。一般来说，初凝时间为 1 ~ 3h，终凝时间为 4 ~ 6h。硅酸盐水泥初凝时间不得小于45min，终凝时间不得大于 390min。普通硅酸盐水泥、矿渣硅酸盐水泥、火山灰质硅酸盐水泥、粉煤灰硅酸盐水泥和复合硅酸盐水泥初凝时间不得小于45min，终凝时间不得大于600min。

用水量的多少，即水泥浆的稀稠度对水泥浆体的凝结时间影响很大，因此国家标准规定水泥的凝结时间必须采用保证稠度的水泥净浆，在标准温度和湿度条件下，采用水泥凝结时间测定仪测定。所谓标准稠度用水量是指水泥净浆达到规定稠度时所需的拌合水量，以占水泥质量的百分数表示。水泥标准稠度净浆对标准试杆（或试锥）的沉入具有一定阻力。通过试验不同含水量水泥净浆的穿透性，以确定水泥标准稠度净浆中所需加入的水量。

水泥的凝结时间在施工中具有重要作用。初凝时间不宜过快，以便有足够的时间在初凝之前对混凝土进行搅拌、运输和浇筑。当浇筑完毕，则要求混凝土尽快凝结硬化，产生强度，以利于下道工序的进行，为此，终凝时间又不宜过迟。

3. 体积安定性

水泥的体积安定性是指水泥在凝结硬化过程中体积变化的均匀性。引起水泥体积安定性不良的原因，是由于其熟料矿物组成中含有过多的游离氧化钙（f-CaO）和游离氧化镁（f-MgO）以及粉磨水泥时掺入的石膏（SO_3）超量所致。如果水泥硬化后产生不均匀的体积变化，会使水泥制品和混凝土构件产生膨胀性裂缝，降低工程质量甚至引起严重事故。因此，水泥的体积安定性检验必须合格。体积安定性不合格的水泥不得使用。

另外，安定性用沸煮法检验必须合格。常见水泥的主要技术性能指标见表 2-3。

表 2-3　常见水泥的主要技术性能指标　　　　　　（单位：MPa）

品种及代号	强度等级	抗压强度/MPa			抗折强度/MPa			凝结时间	不溶物	烧失量	三氧化硫	细度
		3d	7d	28d	3d	7d	28d					
通用硅酸盐水泥 P. I P. II	42.5	17.0	—	42.5	3.5	—	6.5	初凝≥45min 终凝≤6.5h	P. I≤0.75% P. II≤1.50%	P. I≤3.0% P. II≤3.5%	≤3.5%	比表面积不小于300m²/kg
	42.5R	22.0	—	42.5	4.0	—	6.5					
	52.5	23.0	—	52.5	4.0	—	7.0					
	52.5R	27.0	—	52.5	4.0	—	7.0					
	62.5	28.0	—	62.5	5.0	—	8.0					
	62.5R	32.0	—	62.5	5.5	—	8.0					
通用普通硅酸盐水泥 P. O	42.5	17.0	—	42.5	3.5	—	6.5	初凝≥45min 终凝≤10h	—	≤5.0%	≤3.5%	比表面积不小于300m²/kg
	42.5R	22.0	—	42.5	4.0	—	6.5					
	52.5	23.0	—	52.5	4.0	—	7.0					
	52.5R	27.0	—	52.5	5.0	—	7.0					

（续）

品种及代号	强度等级	抗压强度/MPa			抗折强度/MPa			凝结时间	不溶物	烧失量	三氧化硫	细度
		3d	7d	28d	3d	7d	28d					
通用矿渣硅酸盐水泥 P. S. A P. S. B 粉煤灰质硅酸盐水泥 P. F 火山灰硅酸盐水泥 P. P	32.5	10.0	—	32.5	2.5	—	5.5	初凝≥45min 终凝≤10h	—	—	P. S≤4.0% P. F≤3.5% P. P≤3.5%	80μm方孔筛，筛余量≤10% 或 45μm 方孔筛筛余≤30%
	32.5R	15.0	—	32.5	3.5	—	5.5					
	42.5	15.0	—	42.5	3.5	—	6.5					
	42.5R	19.0	—	42.5	4.0	—	6.5					
	52.5	21.0	—	52.5	4.0	—	7.0					
	52.5R	23.0	—	52.5	4.5	—	7.0					
通用复合硅酸盐水泥 P. C	32.5	11.0	—	32.5	2.5	—	5.5				P. C≤3.5%	
	32.5R	16.0	—	32.5	3.5	—	5.5					
	42.5	16.0	—	42.5	3.5	—	6.5					
	42.5R	21.0	—	42.5	4.0	—	6.5					
	52.5	22.0	—	52.5	4.0	—	7.0					
	52.5R	26.0	—	52.5	5.0	—	7.0					
中热硅酸盐水泥 P. MH 低热硅酸盐水泥 P. LH 低热矿渣硅酸盐水泥 P. SLH	42.5	12.0	22.0	42.5	3.0	4.5	6.5	初凝≥60min 终凝≤12h	—	P. MH≤3.0% P. LH≤3.0%	≤3.5%	比表面积不低于250m²/kg
	42.5	—	13.0	42.5	—	3.5	6.5					
	32.5	—	12.0	32.5	—	3.0	5.5					
白色硅酸盐水泥 P. W GB/T 2015—2005	32.5	12.0	—	32.5	3.0	—	6.0	初凝≥45min 终凝≤10h		—	P. W≤3.5%	45μm 或 80μm 方孔筛，筛余量≤10%
	42.5	17.0	—	42.5	3.5	—	6.5					
	52.5	22.0	—	52.5	4.0	—	7.0					
砌筑水泥 M	12.5	—	7.0	12.5	—	1.5	3.0	初凝≥60min 终凝≤12h			M≤4.0%	
	22.5	—	10.0	22.5	—	2.0	4.0					

注：1. P. Ⅰ，P. Ⅱ，P. O 氧化镁（质量分数）≤5.0；P. S. A、P. P、P. F、P. C 氧化镁（质量分数）≤6.0。

2. 体积安定性用沸煮法检验，且必须合格。

3. 碱含量需双方协商。

4. 氯离子（质量分数）≤0.06。

2.2.2 取样原则

水泥试验的取样依据是《水泥取样方法》（GB 12573—2008）。

（1）取样部位 应在有代表性的部位取样，并且不应在污染严重的环境中取样。一般在以下部位取样：

1）水泥输送管路中。

2）袋装水泥堆场。

3）散装水泥卸料处或水泥运输机具上。

（2）取样步骤

1）散装水泥。散装水泥以同一水泥厂、同一强度等级、同一品种、同一编号、同期到达的水泥为 1 批，采用散装水泥取样器取样。取样应有代表性，可连续取。

当所取水泥深度不超过 2m 时，每一个编号内采用散装水泥取样器随机取样。通过转动取样器内管控制开关，在适当位置插入水泥一定深度，关闭后小心抽出，将所取样品放入密闭的容器中，封存样要加封条。每次抽取的单样量应尽量一致。

2）袋装水泥。每一个编号内随机抽取不少于 20 袋水泥，采用袋装水泥取样器取样，将取样器沿对角线方向插入水泥包装袋中，用大拇指按住气孔，小心抽出取样管，将所取样品放入密闭的容器中，封存样要加封条。每次抽取的单样量应尽量一致。

（3）取样量

1）分割样：在 1 个编号内按每 1/10 编号取得单样，每一编号所取的 10 个分割样应分别通过 0.9mm 方孔筛，用于匀质性试验的样品。

①袋装水泥：每 1/10 编号从 1 袋中取至少 6kg。

②散装水泥：每 1/10 编号在 5min 内取至少 6kg。

2）混合样的取样量应符合下列规定：

① 每一编号所取水泥单样通过 0.9mm 方孔筛后充分混匀，一次或多次将样品缩分到相关标准要求的定量，均分为试验样和封存样。试验样按相关标准要求进行试验，封存样按要求储存以备仲裁。样品不得混入杂物和结块。

②混合样的取样量应符合相关水泥标准要求。

（4）取样注意事项

1）当试验水泥从取样至试验要保持 24h 以上时，应把它贮存在气密的容器内。

2）水泥出厂日期超过三个月应在使用前做复验。

2.2.3　六大水泥试验结果判定规则

（1）合格品　检验结果均符合化学指标（不溶物、烧失量、三氧化硫、氧化镁、氯离子）、凝结时间、安定性、强度标准要求的水泥。

（2）不合格品

1）检验结果不符合合格要求项目的任何一项技术要求的水泥。

2）混合材料掺量超过最大限值或强度低于商品强度等级规定的。

3）水泥包装标志中水泥品种、强度等级、生产者名称和出厂编号不全的也属于不合格品。

课题 3　通用水泥的主要技术指标检测

2.3.1　水泥检测方法执行标准

1.《水泥标准稠度用水量、凝结时间、体积安定性检验方法》（GB/T 1346—2011）

适用于硅酸盐水泥、普通硅酸盐水泥、矿渣硅酸盐水泥、粉煤灰硅酸盐水泥、火山灰质硅酸盐水泥、复合硅酸盐水泥，以及指定采用本标准的其他品种的水泥。

2.《水泥胶砂强度检验方法(ISO 法)》(GB/T 17671—1999)

适用于硅酸盐水泥、普通硅酸盐水泥、矿渣硅酸盐水泥、粉煤灰硅酸盐水泥、复合硅酸盐水泥、石灰石硅酸盐水泥的抗折与抗压强度的检验。其他水泥采用本标准时,必须研究本标准规定的适用性。

2.3.2　试验室的温湿度条件

1)水泥成型室温为(20±2)℃,相对湿度不低于50%。水泥试样、拌合水、仪器和用具的温度应与实验室一致。

2)湿气养护箱的温度为(20±1)℃,相对湿度不低于90%,包括试体带模养护箱或雾室。试体养护池水温度应在(20±1)℃范围内。

3)养护箱或雾室的温度与相对湿度至少每4h记录1次。在自动控制的情况下,记录次数可以酌减至1天记录2次;在温度给定范围内,控制所设定的温度应为此范围中值。

4)实验室空气温度和相对湿度及养护池水温在工作期间每天至少记录1次。

5)实验室用水必须是干净的淡水。

2.3.3　水泥标准稠度用水量的测定

1. 试验目的

测定水泥净浆达到标准稠度时的用水量;测定水泥的凝结时间和体积安定性。本方法包括:标准法(试杆法)、代用法(试锥法),代用法又可分为调整水量和固定水量两种。

2. 仪器设备

1)水泥净浆搅拌机:由搅拌锅、搅拌叶片、传动机构和控制系统组成。搅拌机拌和一次的自动控制程序为:低速(120±3)s,停拌15s,高速(120±3)s,如图2-1所示。搅拌时,搅拌叶片和搅拌锅锅底、锅壁的最小间隙为(2±1)mm。

2)代用法水泥稠度测定仪:由滑动部分、刻度尺、金属空心试模组成,如图2-2所示。

图2-1　水泥净浆搅拌机
1—手柄　2—搅拌叶片　3—自动控制程序和
手动控制程序　4—搅拌锅　5—搅拌锅座

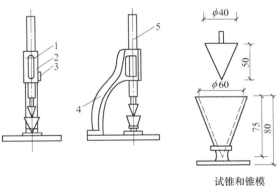

试锥和锥模

图2-2　代用法水泥稠度测定仪
1—指针　2—标尺　3—松紧螺钉　4—铁座　5—金属圆棒

3)标准法维卡稠度测定仪:由支架、滑动杆、刻度尺、圆模、标准试杆等组成,如图2-3所示,其中测标准稠度用的试杆有效长度为(50±1)mm。

4) 每个试模应配备一个边长或直径约 100mm、厚度 4~5mm 的平板玻璃底板或金属底板。

5) 量水器:精度为 ±5mL。

6) 天平:最大称量不小于 1000g,分度值不大于 1g。

3. 试验方法与步骤

(1) 标准法(试杆法)

1) 每次试验前,均要检查所用仪器设备及附件是否处于良好状态以及运转是否正常,确认没有问题再开始试验。

2) 将圆模座先放在玻璃底板上,再一同放在维卡稠度测定仪的下面,降低标准杆,与玻璃板接触,调整指针对应标尺最低点 70mm(零点),定好位置后,将标准杆抬起。

3) 不要多估用水量,也不要少估用水量,以经验用水量为宜。

4) 称好 500g 水泥试样,并根据水泥

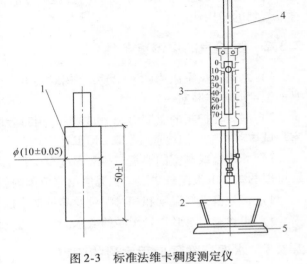

图 2-3　标准法维卡稠度测定仪
1—标准试杆　2—圆模　3—刻度尺
4—滑动部分　5—玻璃板

的品种、混合材掺量、细度等,采用找水法,最好估算该试样达到标准稠度时大致所需的水量。

5) 搅拌锅和搅拌叶片用湿布擦过,将拌合水倒入搅拌锅内,然后在 5~10s 内小心地将称好的水泥加入水中,防止水和水泥溅出。

6) 拌和时,先将搅拌锅放在搅拌机的锅座上,升至搅拌位置,启动搅拌机自动控制程序按钮,低速搅拌 120s,停拌 15s,接着高速搅拌 120s 后停机。

7) 拌和结束后,立即取适量水泥净浆一次性将其装入已置于玻璃底板上的试模中,浆体超过试模上端,用宽约 25mm 的直边刀轻轻拍打超出试模部分的浆体 5 次以排除浆体中的孔隙,然后在试模上表面约 1/3 处,略倾斜于试模分别向外轻轻锯掉多余净浆,再从试模边沿轻抹顶部一次,使净浆表面光滑。在锯掉多余净浆和抹平的操作过程中,注意不要压实净浆;抹平后迅速将圆模和底板移到维卡稠度测定仪上,并将其中心定在试杆下,降低试杆,与水泥净浆表面接触,拧紧螺钉 1~2s 后,突然放松,使试杆垂直自由地沉入水泥净浆中。在试杆停止沉入或释放试杆 30s 时,记录试杆距底板之间的距离,升起试杆后,立即擦净,整个操作应在搅拌后 1.5min 内完成。

(2) 代用法

1) 代用法(试锥法)的调整水量法。

①称好 500g 水泥试样,并根据水泥品种、混合材掺量、细度等,采用找水法,最好估算该试样达到标准稠度时大致所需的水量。

②搅拌锅和搅拌叶片用湿布擦过,将拌合水倒入搅拌锅内,然后在 5~10s 内小心将称好的水泥加入水中,防止水和水泥溅出。

③拌和时,先将搅拌锅放在搅拌机的锅座上,升至搅拌位置,启动搅拌机自动控制程序

按钮，低速拌和 120s，停拌 15s，接着高速拌和 120s 后停机。

④拌和结束后，立即将拌制好的水泥净浆装入锥模中，用宽约 25mm 的直边刀在浆体表面轻轻插捣 5 次，再轻振 5 次，刮去多余的净浆；一次抹平后，迅速放到水泥稠度测定仪试锥下的固定位置上。

⑤将试锥降至与净浆表面接触，拧紧螺钉，在调整指针对应标尺零点 1～2s 后，突然放松，让试锥自由沉入净浆中。在试锥停止下沉和释放试锥 30s 时，记录下沉深度，整个操作应在搅拌后 1.5min 内完成。

2）代用法（试锥法）的固定水量法。测定的方法和步骤与代用法（试锥法）的调整水量法基本相同，其中水泥净浆的搅拌和测试与调整水量法相同；所不同的是，拌合水量不分水泥品种，一律固定为 142.5mL。

4. 结果计算及处理

（1）标准法（试杆法）

1）当试杆沉入净浆并距底板为（6±1）mm 时，水泥净浆为标准稠度净浆，其拌合水量为该水泥的标准稠度用水量（P），按水泥质量的百分比计。

2）如试杆沉入净浆不在（6±1）mm 的范围内，需另称水泥试样，重新调整水量，直到达到（6±1）mm 时为止。

（2）代用法（试锥法）的调整水量法

1）当试锥下沉深度为（30±1）mm 时，水泥净浆为标准稠度净浆，其拌合水量为该水泥的标准稠度用水量（P），按水泥质量的百分比计。

2）如下沉深度不在此范围内，需另称水泥试样，增加或减少水量，重新拌制净浆，直到试锥下沉深度达到（30±1）mm 时为止。

（3）代用法（试锥法）的固定水量法

1）观察试锥下沉深度时，指针在标尺上的指示数 $P(\%)$，即为该水泥试样的标准稠度用水量；也可根据下沉深度 $S(\mathrm{mm})$，按下式计算标准稠度用水量 $P(\%)$。

$$P = 33.4 - 0.185S$$

2）根据公式计算出的标准稠度用水量 $P(\%)$ 乘以水泥的质量，得出一个新的用水量，再重新称量 500g 水泥，拌合水取新的用水量，经过搅拌测试所得的下沉深度 S 在（30±1）mm 之间。

3）当试锥下沉深度小于 13mm 时，应重新调整水量测定。

2.3.4　水泥凝结时间的测定

1. 试验目的

测定水泥的初凝和终凝时间，作为评定水泥质量的依据之一。

2. 仪器设备

测定凝结时间用的维卡仪，与测定水泥标准稠度用水量时所用的仪器相同，只是将试杆换成试针。其中，初凝试针有效长度为（50±1）mm，终凝试针为环形附件针，是有效长度为（30±1）mm，直径为 $\phi(1.13±0.05)$mm 的圆柱体，如图 2-4 所示。

3. 试验方法与步骤

（1）初凝时间测定

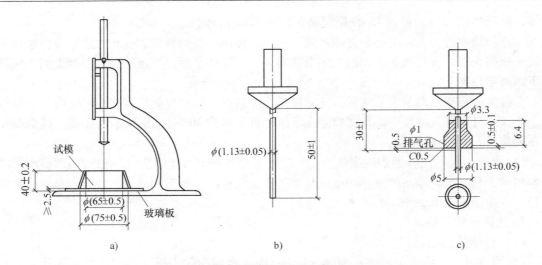

图 2-4 水泥凝结时间测定仪及配置

a）初凝时间测定用立式试模的侧视图 b）初凝用试针 c）终凝用试针

1）首先检查凝结时间测定仪是否安装好，如试针是否垂直、表面光滑与否、是否发现有弯曲、不能使用等现象，继而将圆模放在玻璃板上，并将圆模内侧及玻璃板上涂上一层薄机油，然后调整凝结时间测定仪，使试针接触玻璃板时，其指针应对准标尺最低点 70mm（为零点），定好位置后将试针抬起。

2）将按水泥标准稠度用水量检验方法制好的水泥净浆 1 次装满圆模，振动数次刮平，然后立即放入湿气养护箱中。记录水泥全部加入水中的时间，并以此作为凝结时间的起始时间。

3）在最初测定时，应轻轻扶持凝结时间测定仪的金属棒，使其徐徐下降，以防试针撞弯，但应以自由下落测得的结果为准。

4）试件在湿气养护箱中养护至加水后 30min 时，从养护箱内取出试件，进行第一次测定。测定时试件放至试针下面，使试针与净浆表面接触。拧紧螺钉 1~2s 后突然放松，试针垂直自由地沉入净浆，观察试针停止下沉或释放试针 30s 时指针的读数。临近初凝时，每隔 5min（或更短时间）测定 1 次。

（2）终凝时间测定

1）从凝结时间测定仪上取下初凝试针，换上环形附件针。

2）在完成初凝时间测定后，立即将试模连同浆体以平移的方法从玻璃板上取下，向上翻转 180°，直径大端向上、小端向下放在玻璃板上，再放入湿气养护箱中继续养护。临近终凝时，每隔 15min（或更短时间）测定 1 次。

4. 试验操作要求

测定时应注意，在最初测定的操作时应轻轻扶持金属柱，使其徐徐下降，以防试针撞弯，但结果以自由下落为准；在整个测定过程中，试针沉入的位置至少距离试模内壁 10mm，每次测定不得让试针落入原孔，每次测定后须将试针擦净，并将试模、试件放回湿气养护箱内，整个测试过程应防止试模受振。

5. 结果计算及处理

1) 试针沉至距离底板(4 ± 1)mm 时，为水泥达到初凝状态；水泥全部加入水中至初凝状态的时间为水泥的初凝时间，用 min 来表示。

2) 试针沉入试体 0.5mm 时，即环形附件针开始不能在试体上留下痕迹时，为水泥达到终凝状态；水泥全部加入水中至终凝状态的时间为水泥的终凝时间，用 min 来表示。

3) 到达初凝时应立即重复测一定，只有两次结论相同才能确定到达初凝状态；到达终凝时，需要在试件另外两个不同点测试，结论相同时才能确定到达终凝状态。

2.3.5 水泥体积安定性检验

1. 试验目的

测定水泥体积安定性，是评定水泥质量的依据之一，本方法包括雷氏夹法、试饼法 2 种，如有争议以雷氏夹法为准。

2. 仪器设备

1) 雷氏夹：由铜质材料制成的，如图 2-5 所示。

2) 雷氏夹膨胀值测量仪：标尺分度值为 0.5mm，如图 2-6 所示。

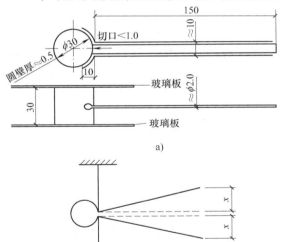

图 2-5 雷氏夹及受力示意图
a) 雷氏夹 b) 雷氏夹受力示意图

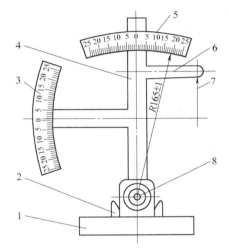

图 2-6 雷氏夹膨胀值测量仪
1—底座 2—模子座 3—测弹性标尺
4—立柱 5—测膨胀值标尺
6—悬臂 7—悬丝 8—弹簧顶钮

3) 水泥湿气养护箱。

4) 玻璃板：边长或直径约 80mm、厚度 4~5mm，每个雷氏夹需配两个。

5) 沸煮箱：有效容积为 410mm × 24mm × 310mm，箅板与加热器之间的距离大于 50mm，如图 2-7 所示。

3. 试验方法与步骤

（1）雷氏夹法

1) 试验前，将雷氏夹的 1 根指针根部悬挂在 1 根尼龙丝上，另 1 根指针的根部挂上

300g 挂码，这时 2 根指针针尖的距离较未挂前的距离应加大在 (17.5 ±2.5) mm 范围内，当去掉砝码后又能恢复未挂前的距离。弹性检查在雷氏夹膨胀值测量仪上进行。

图 2-7　水泥安定性检验沸煮箱

2) 凡与水泥净浆接触的玻璃板和雷氏夹内表面都要稍稍涂上一层油（有些油会影响凝结时间，矿物油比较适合）。

3) 将预先准备好的雷氏夹放在已稍擦油的玻璃板上，并立即将已制好的标准稠度净浆一次性装满雷氏夹，装浆时一只手轻轻扶持雷氏夹，另一只手用宽约 25mm 的直边刀在浆体表面轻轻插捣 3 次，然后抹平，盖上稍涂油的玻璃板。

4) 将成型试件立即放入湿气养护箱内，养护 (24 ±2) h。

5) 脱去玻璃板取下试件，在雷氏夹膨胀值测量仪上测量，并记录每个试件两指针尖端间的距离 (A)，精确至 0.5mm。

6) 将试件放入沸煮箱中的试件架上，指针朝上，互不交叉，调整水位使试件浸没在水里，沸煮中不需添加水，保证在 (30 ±5) min 内煮沸，并维持在 (180 ±5) min。时间到后放水，开箱，冷却至室温。

（2）试饼法

1) 将按标准稠度用水量检验方法拌制好的净浆取一部分 (约 150g) 分成 2 等份，使其成球形，分别置于 100mm ×100mm 的 2 块玻璃板上。轻轻振动玻璃板，并用湿布擦过的小刀由边缘向饼中心抹动，做成直径为 70 ~80mm，中心厚约 10mm，边缘渐薄，表面光滑的试饼。

2) 将成型试饼立即放入湿气养护箱内，养护 (24 ±2) h。

3) 从玻璃板上取下试饼，先检查试饼是否完整 (如已开裂翘曲要检查原因，确定无外因时，该试饼属不合格，不必沸煮)，在试饼无缺陷的情况下，将其放入水中的箅板上，在 (30 ±5) min 内煮沸，并恒沸 (180 ±5) min。时间到后放水，开箱，冷却至室温。

4. 结果计算及处理

（1）雷氏夹法　取出试件，在膨胀值测定仪上测量并记录指针尖端间的距离 (C)，精确至 0.5mm。当 2 个试件煮后增加距离 (C − A) 的平均值不大于 5.0mm 时，判为体积安定性合格。当 2 个试件煮后增加距离的平均值相差超过 4.0mm 时，应用同一样品立即重做一次试验。再如此，判为不合格。

（2）试饼法

1) 取出试饼，如目测观察无裂缝，直尺检查无弯曲 (试饼与直尺间不透光)，则体积安定性合格，反之为不合格。当 2 个试饼判别结果有矛盾时，该水泥的体积安定性为不合格。

2) 试饼表面出现崩溃、龟裂、弯曲、松脆等现象时，均属体积安定性不合格，即为废品。

2.3.6　水泥胶砂强度的检验

1. 试验目的

制作水泥胶砂试件，测出水泥抗折强度和抗压强度，评定水泥强度等级。

2. 仪器设备

1) 水泥胶砂搅拌机：由胶砂搅拌锅和搅拌叶片及相应的机构组成。搅拌时顺时针方向自转，外沿锅周边逆时针公转，并且有高低两种速度。叶片与锅底、锅壁的工作间隙为（3±1）mm，使用时，将水泥胶砂搅拌机打到自动挡。搅拌时，由水泥胶砂搅拌机控制器控制整个搅拌过程，如图2-8所示。

2）试模：同时可成型3条40mm×40mm×160mm棱柱体的可拆卸试模，由隔板、端板、底板、紧固装置及定位销组成，如图2-9所示。

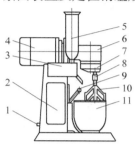

图2-8　水泥胶砂搅拌机

1—控制器插座　2—开关面板　3—加砂箱
4—双速电动机　5—加砂斗　6—减速箱
7—行星机构　8—叶片紧固螺母
9—升降手柄　10—叶片　11—锅

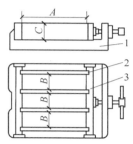

图2-9　试模

1—底座　2—隔板　3—端板

3）播料器和金属刮平尺：为了控制料层厚度和刮平胶砂，应具有如图2-10所示的2个播料器和一个金属刮平尺。

4）振实台：由可以跳动的台盘，和使其跳动的凸轮等组成。振动频率为60次/（6±2）s。振实台应安装在高度约400mm的混凝土基座上，如图2-11所示。

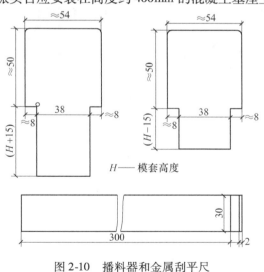

图2-10　播料器和金属刮平尺

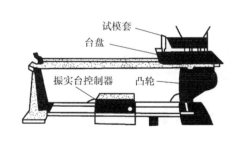

图2-11　振实台

5）水泥抗压夹具：由上、下压板，传压柱和框架构成。上压板带有球座，用2根吊簧吊在框架上；下压板固定在框架上，受压面积为40mm×40mm，如图2-12所示。

6）电动抗折试验机：用于检验水泥胶砂40mm×40mm×160mm棱柱体试体的抗折强

度。电动抗折试验机的加荷形式是通过电动机带动传动丝杆，丝杆托动砝码向前运动来实现的。电动抗折试验机的量程在 0 ～ 5000N 范围内，加荷速度为 (50 ± 10) N/s，如图 2-13 所示。

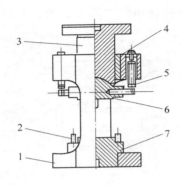

图 2-12　水泥抗压夹具
1—框架　2—定位销　3—传压柱　4—衬套
5—吊簧　6—上压板　7—下压板

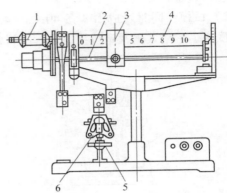

图 2-13　水泥抗折试验机
1—平衡铊　2—丝杆　3—游动砝码　4—大杠杆
5—手轮　6—抗折夹具

7）微机控制水泥压力试验机：由加荷系统、压力传感器、微机数字电液加载控制系统、打印机四部分组成。其具有自动等速加载功能，试验力值、加载速度及动态加载曲线可直接在计算机屏幕上显示，如图 2-14 所示。

8）加水器：当用自动滴管加水 225mL 水时，滴管精度应达到 ±1mL。如用天平称量，其精度为 ±1g。标准砂采用中国 ISO 塑料袋混合包装 (1350 ±5) g。

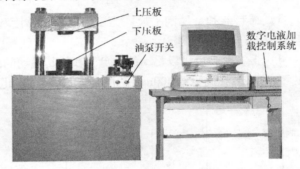

图 2-14　微机控制水泥压力试验机

3. 水泥胶砂的质量配合比

水泥胶砂的质量配合比为 1 份水泥、3 份标准砂和 0.5 份水，灰砂比为 1:3，水灰比为 1:2。

4. 试验方法与步骤

水泥胶砂强度检验采用 ISO 法。

1）水泥、砂、水和试验用具的温度与实验室相同。

2）试验前将试模擦净，四周的模板与底座接触面上应涂黄干油，紧密装配防止漏浆，试模内壁均匀刷一薄层机油。每锅成型 3 条截面为 40mm ×40mm ×160mm 的试件，称水泥 (450 ±2) g，标准砂 (1350 ±5) g，拌合水 (225 ±1) g。搅拌前，先将标准砂倒入胶砂搅拌机上塑料漏斗内。

3）从胶砂搅拌机上取下锅，用湿布将搅拌锅及叶片擦净。将称量好的水加入锅里，再加入水泥，固定在架上拧紧，上升至固定位置后，立即启动水泥胶砂搅拌机控制器，低速搅拌 30s 后，在第 2 个 30s 开始的同时均匀地加入砂子，再高速搅拌 30s，停拌 90s。在第一个

15s 内，用一胶皮刮具将叶片和锅壁上的胶砂刮入锅中间，在高速下继续搅拌 60s。各个搅拌阶段，时间误差应在 ±1s 以内。

4）在搅拌胶砂的同时，将空试模放在振实台上，上面加一个壁高为 20mm 的金属模套。从上往下看时，模套壁与试模内壁应重叠，然后固定，让金属模套紧紧贴在试模上。搅拌完毕，取下搅拌锅，用一个适当的勺子直接从搅拌锅里将胶砂分两层装入试模。装第一层时，每个槽里约放 300g 胶砂，用大播料器垂直架在模套顶部，由一端向另一端垂直刮平，不要捣插。在刮平过程中胶砂不够时，应添加胶砂刮平，多余的在刮平后放回锅里，来回 1 次。保持 3 个格料面水平一致，接着启动振实台控制器，振实 60 次。装入第二层胶砂，用小播料器，同样架在模套上垂直来回拨动，不要捣插，保持 3 个格料面水平一致，再振实 60 次。完毕后，脱开卡具，掀起模套，从振实台上取下试模，观察高出试模的料浆是否保持水平一致，以便下一步的控制。用一金属直尺以近似 90°的角度架在试模顶的一端，然后沿试模长度方向以横向锯割动作慢慢向另一端移动，将超过试模部分的胶砂一次刮去，做锯割动作时，用力要均匀，要自始至终保持近似 90°的角度，不要中途改变角度，以防 3 块试件表面不平或损伤，并用同一直尺近乎水平地将试件表面抹平。最好一次完成抹平，次数越多越糟糕，因为抹平次数多了，试件表面就会泌水。次数越多，泌水越严重，以致影响给试件编号。

5）用毛巾擦去留在试模四周的胶砂，并用磁铁扣把写在纸上的试验编号贴在试模的侧面，然后立即将做好的标记试模放入雾室或湿箱的水平架子上养护，湿空气应能与试模各边接触。养护时，不应将试模放在其他试模上，一直养护到规定的脱模时间后取出脱模。脱模前，在编号时应把试件上浮皮用湿布轻轻擦去，用防水墨汁或颜料笔对试件进行编号。2 个龄期以上的试件，在编号时应将同一试模中的 3 条试件分在 2 个以上龄期内（交叉编号）。脱模应非常小心，脱模时可用塑料锤、橡皮榔头或专门的脱模器。对于 24h 龄期的应在破型试验前 20min 内脱模（经过 24h 养护，如因脱模对强度造成损害可以延迟至 24h 以后脱模，但应在试验报告中予以说明）；对于 24h 以上龄期的，应在成型后 20～24h 之间脱模。确定作为 24h 龄期试验（或其他不下水直接做试验）的已脱模试件，应用湿布覆盖至做试验时为止。

6）将做好标记的试件立即水平或竖直放在（20±1）℃水中养护，水平放置时刮平面应朝上。试件放在不易腐烂的箅子上，并彼此间保持一定的距离，以让水与试件的 6 个面接触。养护期间试件之间间隔或试件上表面的水深不得小于 5mm。每个养护池只养护同类型的水泥试件，也可将同类型的水泥试件分别装在小体积养护（1 组）试块盒中，并一同放在 1 个大水池内统一控制温度。最初用自来水装满养护池（或容器），在养护过程中水可能会蒸发，所以要随时加水，保持一定的水位，不允许在养护期间全部换水。

7）试件龄期是从水泥加水搅拌开始试验时算起的。不同龄期强度试验在下列时间进行，见表 2-4。除 24h 龄期或延至 48h 脱模的试件外，任何到龄期的试件应在试验（破型）前 15min 从水中取出，揩去试件表面沉积物，并用湿布覆盖至试验为止。

表 2-4　不同龄期强度试验的试验时间

龄期	24h	48h	3d	7d	28d
试验时间	15min	30min	45min	2h	8h

8）试件按编号和龄期，从养护水池中取出后，必须与原始记录本上的编号、日期一致。每个龄期取出 3 条试件先做抗折强度测定，试件放入前，按动大杠杆上游动砝码的按钮，将游动砝码向左移动，使游标砝码上游标的零线对准大杠杆上标尺的零线，如不行可转动微调传动丝杆。然后调整平衡锤使大杠杆一端的指针与抗折机的一端刻度尺零点对准，杠杆平衡后，移动夹具下面的手轮，让试件侧面穿过夹具的支撑圆柱，抬高杠杆（以试件在折断时大杠杆尽可能处于水平位置为宜），用手轮拧紧夹具。开动机器，通过加荷，圆柱以（50 ± 10）N/s 的速率均匀地将荷载垂直地加在棱柱体相对侧面上，直至折断。此时游动砝码刻线对准大杠杆标尺的读数为破坏荷载值（单位为 MPa 或 N）。读取原始数据，估读到小数点后 1 位数。

9）将抗折强度测定的 2 个断块立即进行抗压强度测定。首先接通电源，打开水泥压力试验机开关，启动油泵（开），打开数字电液加载控制系统，启动计算机进入检测记录系统，双击运行自动压力试验机控制程序。在"用户登录"界面中，如图 2-15 所示，正确填写姓名及密码，然后单击"登录"按钮，即可进入水泥强度试验控制程序的主界面，如图 2-16 所示，再单击界面中的"参数"按钮，弹出如图 2-17 所示的参数对话框，按要求填写或选取相应的参数。将水泥夹具放在试验机下压板中心，试件受压面积为

图 2-15　用户登录

40mm×40mm，试验时以试件的侧面作为受压面，试件底面靠紧夹具定位销。放好试件后，单击图 2-16 中的"运行"按钮，试验机即按设定在整个加荷过程中以（2400±200）N/s 的速率均匀地加荷直至试样破碎，计算机会自动记录试验结果，并在主界面右下方的"试验结果"框中显示，直至做完一组试样，计算机自动计算出平均力值及平均强度，并将全部结果存入数据库。如要打印，则单击"打印"按钮（事前连接好打印机），即弹出如图 2-18 所示的打印对话框，选择查询的方式及内容，单击"查寻"按钮即可查到试验结果。单击"开始打印"按钮，弹出如图2-19所示的"打印选择"对话框，选择需要的打印结果形式，并填入需要的打印表头，单击"确定"后，即可打印出试验结果。

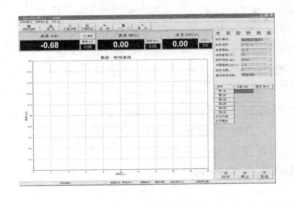

图 2-16　控制程序主界面

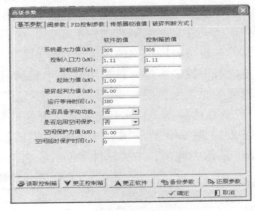

图 2-17　参数对话框

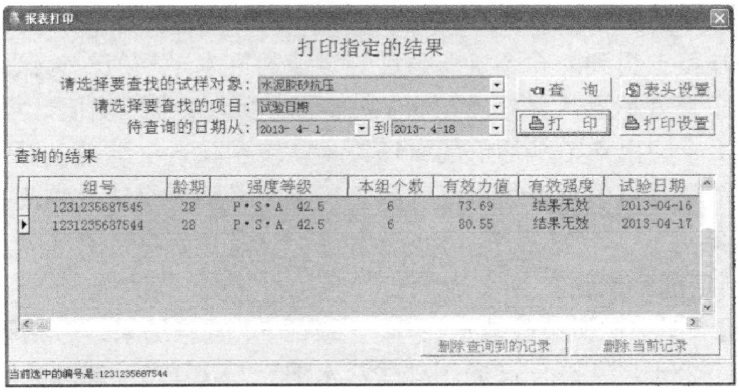

图 2-18　打印对话框

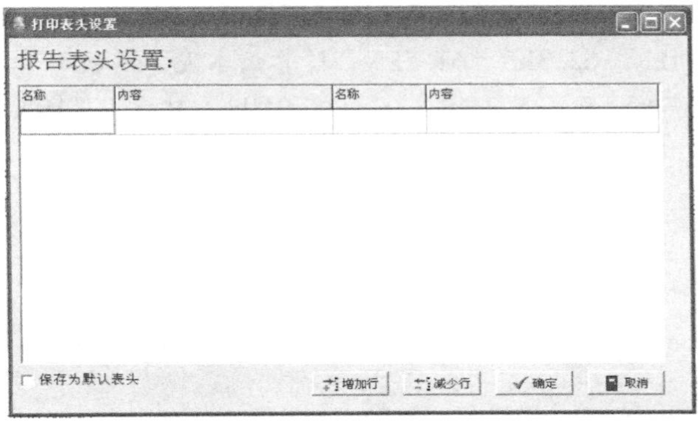

图 2-19　打印选择框

5. 结果及处理计算

1）水泥抗折强度 R_f 以 MPa 为单位，按下式进行计算。

$$R_f = \frac{1.5F_f L}{b^3}$$

式中　F_f——折断时施加于棱柱体中部的荷载(N)；

　　　L——支撑圆柱之间的距离(mm)，$L=100mm$；

　　　b——棱柱体正方形截面的边长(mm)，$b=40mm$；

　　　R_f——水泥抗折强度(MPa)。

以一组 3 个棱柱体抗折结果的平均值作为试验结果。当 3 个强度值中有超出平均值 ±10% 的，应剔除后再取平均值作为抗折强度试验结果。试验结果即平均值，计算精确至 0.1MPa。

2）水泥抗压强度 R_c 以 MPa 为单位，按下式进行计算。

$$R_c = \frac{F_c}{A}$$

式中　R_c——抗压强度(MPa)；

　　　F_c——破坏时的最大荷载(N)；

A——受压部分面积(mm^2)，$A = 40\mathrm{mm} \times 40\mathrm{mm} = 1600\mathrm{mm}^2$。

以一组 3 个棱柱体上得到的 6 个抗压强度测定值的算术平均值作为试验结果。各个半棱柱体得到的单个抗压强度结果计算精确至 0.1MPa，试验结果即平均值计算精确至 0.1MPa。如 6 个测定值中有 1 个超出 6 个平均值的 ±10%，就应剔除这个结果，而以剩下 5 个的平均数为结果。如果 5 个测定值中再有超过平均数 ±10% 的，则此组结果作废。

6. 水泥结论评定

1）根据水泥判定试验规则。

2）例如：通用水泥中矿渣硅酸盐水泥 32.5 级的 3d 试验结果，合格评语为：体积安定性、凝结时间及 3d、28d 强度符合《通用硅酸盐水泥》(GB 175—2007) 中矿渣硅酸盐水泥 32.5 级的技术指标要求，原始记录的填写见附录 A。

【例 2-1】 按 GB/T 17671—1999(ISO 法)，有 1 组矿渣 32.5 水泥 28d 强度结果如下：抗折强度分别为：5.7MPa、7.0MPa、7.1MPa。抗压试验破坏荷载分别为：62.0kN、61.4kN、55.3kN、50.4kN、62.3kN、61.5kN。计算该水泥 28d 抗折和抗压强度。

【解】 （1）抗折强度 $R_{f1} = 5.7\mathrm{MPa}$，$R_{f2} = 7.0\mathrm{MPa}$，$R_{f3} = 7.1\mathrm{MPa}$。

$$平均值 = \frac{5.7 + 7.0 + 7.1}{3}\mathrm{MPa} = 6.6\mathrm{MPa}$$

最大值和最小值与平均值比较：$\dfrac{7.1 - 6.6}{6.6} \times 100\% = 7.5\% < 10\%$

$$\frac{6.6 - 5.7}{6.6} \times 100\% = 13.6\% > 10\%$$

抗折强度代表值 $R_f = \dfrac{R_{f2} + R_{f3}}{2} = \dfrac{7.0 + 7.1}{2}\mathrm{MPa} = 7.05\mathrm{MPa} \approx 7.0\mathrm{MPa}$

（2）抗压强度 $R_c = \dfrac{F_c}{A} = \dfrac{1}{40 \times 40}F_c = 0.000625F_c$

$R_{c1} = (0.000625 \times 62.0 \times 1000)\mathrm{MPa} = 38.8\mathrm{MPa}$

$R_{c2} = (0.000625 \times 61.4 \times 1000)\mathrm{MPa} = 38.4\mathrm{MPa}$

$R_{c3} = (0.000625 \times 55.3 \times 1000)\mathrm{MPa} = 34.6\mathrm{MPa}$

$R_{c4} = (0.000625 \times 50.4 \times 1000)\mathrm{MPa} = 31.5\mathrm{MPa}$

$R_{c5} = (0.000625 \times 62.3 \times 1000)\mathrm{MPa} = 38.9\mathrm{MPa}$

$R_{c6} = (0.000625 \times 61.5 \times 1000)\mathrm{MPa} = 38.4\mathrm{MPa}$

$$平均值 = \frac{R_{c1} + R_{c2} + R_{c3} + R_{c4} + R_{c5} + R_{c6}}{6} = 36.8\mathrm{MPa}$$

最大值和最小值与平均值比较：$\dfrac{38.9 - 36.8}{36.8} \times 100\% = 5.7\% < 10\%$

$$\frac{36.8 - 31.5}{36.8} \times 100\% = 14.4\% > 10\%$$

最小值超差，次最小值与平均值比较 $\dfrac{36.8 - 34.6}{36.8} \times 100\% = 6.0\% < 10\%$

剔除超差值，剩下 5 个值平均：$\dfrac{R_{c1} + R_{c2} + R_{c3} + R_{c5} + R_{c6}}{5}$

$$= \frac{38.8 + 38.4 + 34.6 + 38.9 + 38.4}{5} MPa$$

$$= 37.82MPa \approx 37.8MPa$$

5 个值中最大值和最小值与平均值比较：$\frac{38.8 - 37.8}{37.8} \times 100\% = 2.6\% < 10\%$

$$\frac{37.8 - 34.6}{37.8} \times 100\% = 8.4\% < 10\%$$

抗压强度代表值 $R_c = 37.8MPa$。

课题 4　砂、石的主要技术指标要求及取样原则

2.4.1　集料概述

1. 集料的定义

集料又称骨料，是混凝土和砂浆的重要组成部分，在混凝土和砂浆中起骨架作用及填充作用。集料包括砂子和石子。砂子称为细骨料，颗粒粒径在 0.16 ~ 5mm 之间的岩石颗粒称为砂子。石子称为粗集料，粒径大于 5mm 的岩石颗粒称为石子。砂、石构成的坚硬骨架可承受外荷载作用，并兼有抑制水泥浆干缩的作用。

2. 集料的分类及用途

砂子按其形成条件可分为天然砂、人工砂和混合砂三类，一般采用天然砂。天然砂由天然岩石经自然风化作用形成，按其产源不同，可分为河砂、海砂及山砂。人工砂是岩石经破碎筛选而成的，人工砂有棱角，比较洁净，但细粉、片状颗粒较多，成本较高；河砂、海砂颗粒圆滑、质地坚固，但海砂内常掺有贝壳碎片及可溶性盐类，会影响混凝土强度；山砂系岩石风化后在原地沉积而成，颗粒多棱角，并含有黏土及有机物杂质等，坚固性差。河砂比较洁净，所以配制混凝土时宜采用河砂。混合砂是由天然砂和人工砂按一定比例混合而成的。砂按其技术要求又分为Ⅰ类、Ⅱ类和Ⅲ类。其中Ⅰ类砂用于 C60 以上的混凝土，Ⅱ类砂用于 C30 ~ C60 及抗冻、抗渗或其他要求的混凝土，Ⅲ类砂用于 C30 以下的混凝土和建筑用砂。

普通混凝土用的碎石或卵石统称为粗集料，常用的粗集料有天然卵石和人工碎石两种。卵石又称砾石，卵石为自然条件作用而形成的、粒径大于 5mm 的岩石颗粒；碎石为天然岩石或卵石经破碎，筛分而得的粒径大于 5mm 的岩石颗粒。天然卵石有河卵石、海卵石和山卵石等几种，河卵石表面光滑、少棱角、比较洁净，具有天然级配；山卵石含有黏土杂质较多，在使用前必须冲洗，所以河卵石最为常用。人工碎石比卵石干净，且表面粗糙、颗粒有棱角，与水泥粘结较牢。

为了保证混凝土和砂浆的质量，应合理选择和使用砂、石，按标准检验各项技术性能，为配合比设计提供可靠的数据。

2.4.2　砂的细度模数和颗粒级配

1. 砂的细度模数

砂的粗细程度用细度模数来表示。按细度模数 μ_f 分为粗、中、细、特细四种规格，其

细度模数分为：粗砂：$\mu_f = 3.7 \sim 3.1$；中砂：$\mu_f = 3.0 \sim 2.3$；细砂：$\mu_f = 2.2 \sim 1.6$；特细砂：$\mu_f = 1.5 \sim 0.7$。

　　细度模数描述砂的粗细，即总表面积的大小。配制混凝土时，在相同用砂量条件下采用细砂则总表面积较大，而采用粗砂则总表面积较小。砂的总表面积越大，则混凝土中需要包裹砂粒表面的水泥浆越多。当混凝土拌合物的和易性要求一定时，显然较粗的砂所需要的水泥浆量就比较细的砂要少，但砂过粗，易使混凝土拌合物产生离析、泌水等现象，影响混凝土的和易性。所以，砂子的粗细程度应与颗粒级配同时考虑。

2. 砂的颗粒级配

　　砂的颗粒级配是指砂中不同粒径颗粒搭配的比例情况。在砂中，砂粒之间的空隙由水泥浆填充，为达到节约水泥和提高混凝土强度的目的，应尽量降低砂粒之间的空隙。如图2-20所示，当砂的粒径相同时，砂粒之间的空隙率最大；当采用两种不同粒径时，空隙率减小；当采用两种以上的不同粒径时，空隙率就更小。因此，要减小砂

图 2-20　集料的颗粒级配

的空隙率，就必须采用大小不同的颗粒搭配，即采用良好的颗粒级配砂。

　　砂（除特细砂）按0.630mm筛孔的累计筛余量（以质量百分率计），分成3个级配区（见表2-5）：Ⅰ区、Ⅱ区和Ⅲ区。砂的颗粒级配应处于表2-5中的任何一个区域内。砂的实际颗粒级配与表2-5中所列的累计筛余百分率相比，除5.00mm和0.630mm外，其余允许稍有超出分界线，但其总量百分率不应大于5%。

表 2-5　砂的颗粒级配区

累计筛余（%） 级配区 筛孔尺寸/mm	Ⅰ区	Ⅱ区	Ⅲ区
5.00	**10 ~ 0**	**10 ~ 0**	**10 ~ 0**
2.50	35 ~ 5	25 ~ 0	15 ~ 0
1.25	65 ~ 35	50 ~ 10	25 ~ 0
0.630	**85 ~ 71**	**70 ~ 41**	**40 ~ 16**
0.315	95 ~ 80	92 ~ 70	85 ~ 55
0.160	100 ~ 90	100 ~ 90	100 ~ 90

　　配置混凝土时宜优先选用Ⅱ区砂。当采用Ⅰ区砂时，应提高砂率，并保证足够的水泥用量，以满足混凝土的和易性；当采用Ⅲ区砂时，宜适当降低砂率，以保证混凝土强度。对于泵送混凝土用砂，宜选用中砂。

　　当砂颗粒级配不符合上述要求时，应采取相应措施，经试验证明能确保工程质量后，方允许使用。

2.4.3　干砂的表观密度、堆积密度和空隙率

干砂的表观密度、堆积密度和空隙率应符合如下规定：表观密度通常在 2550 ~ 2750kg/m³ 之间；堆积密度通常在 1450 ~ 1700kg/m³ 之间；空隙率在 35% ~ 47% 之间。

2.4.4　砂的含泥量及泥块含量

砂的含泥量及泥块含量应符合表 2-6 的规定。

表 2-6　砂的含泥量及泥块含量

混凝土强度等级	≥C60	C55 ~ C30	≤C25
含泥量（按质量计%）	≤2.0	≤3.0	≤5.0
泥块含量（按质量计%）	≤0.5	≤1.0	≤2.0

对有抗冻、抗渗或其他特殊要求的混凝土用砂，含泥量不大于 3.0%，泥块含量不大于 1.0%；对 C10 和 C10 以下的混凝土用砂，根据水泥强度等级，其含量可予放宽；做高强混凝土时应考虑砂子的含泥量及泥块含量。

2.4.5　砂的坚固性

用硫酸钠溶液检验，试样经 5 次循环后其质量损失应符合表 2-7 的规定。

表 2-7　砂的坚固性

混凝土所处的环境条件	循环后的质量损失（%）
在严寒及寒冷地区室外使用并经常处于潮湿或干湿交替状态下的混凝土	≤8
其他条件下使用的混凝土	≤10

2.4.6　砂中的有害物质

砂中的云母、轻物质、有机物、硫化物及硫酸盐等有害物质，其含量应符合表 2-8 的规定。

表 2-8　砂中的有害物质

项　目	质　量　指　标
云母含量（按质量计%）	≤2.0
轻物质含量（按质量计%）	≤1.0
硫化物及硫酸盐含量（折算成 SO_3，按质量计%）	≤1.0
有机物含量（用比色法试验）	颜色不应深于标准色，如深于标准色，则应按水泥胶砂强度试验方法，进行强度对比试验，抗压强度比不应低于 0.95

2.4.7　重要工程混凝土用砂的规定

对重要工程混凝土用砂，应采用化学法和砂浆长度法进行集料的碱活性检验。经检验判

断有潜在危害时，应采取使用含碱量小于0.6%的水泥，或采取能抑制碱—集料反应的掺合料；当使用含钾、钠离子的外加剂时，必须进行专门试验。

2.4.8　石子的颗粒级配与粗细程度

1. 碎石或卵石的颗粒级配

碎石或卵石的颗粒级配应符合表2-9的要求。

表2-9　碎石或卵石的颗粒级配范围

级配情况	公称粒级/mm	累计筛余(按质量计)(%)											
		筛孔尺寸(方孔筛)/mm											
		2.36	4.75	9.5	16.0	19.0	26.5	31.5	37.5	53.0	63.0	75.0	90.0
连续粒级	5~10	95~100	80~100	0~15	0	—	—	—	—	—	—	—	—
	5~16	95~100	85~100	30~60	0~10	0	—	—	—	—	—	—	—
	5~20	95~100	90~100	40~80	—	0~10	0	—	—	—	—	—	—
	5~25	95~100	90~100	—	30~70	—	0~5	0	—	—	—	—	—
	5~31.5	95~100	90~100	70~90	—	15~45	—	0~5	0	—	—	—	—
	5~40	—	95~100	70~90	—	30~65	—	—	0~5	0	—	—	—
单粒级	10~20	—	95~100	85~100	—	0~15	0	—	—	—	—	—	—
	16~31.5	—	95~100	—	85~100	—	—	0~10	—	—	—	—	—
	20~40	—	—	95~100	—	80~100	—	—	0~10	0	—	—	—
	31.5~63	—	—	—	95~100	—	—	75~100	45~75	—	0~10	0	—
	40~80	—	—	—	—	95~100	—	—	70~100	—	30~60	0~10	0

石子和砂子一样，也应具有良好的颗粒级配，以达到空隙率与总表面积最小的目的。颗粒级配良好的石子，既能节约水泥用量，又能改善混凝土的技术性能。石子的级配原理与砂基本相同，不同的是石子的颗粒级配分为连续粒级和单粒级。连续粒级的公称粒径为5~10mm、5~16mm、5~20mm、5~25mm、5~31.5mm、5~40mm；单粒级的公称粒径为10~20mm、16~31.5mm、20~40mm、31.5~63mm、40~80mm。

单粒级宜用于组合成具有要求级配的连续粒级，也可与连续粒级混合使用，以改善其级配或配成较大粒度的连续粒级。不宜用单一的单粒级配制混凝土。如必须单独使用，则应做技术经济分析，并应通过试验证明不会发生离析或影响混凝土的质量。

颗粒级配不符合表2-9的要求时，应采取措施并经试验验证能确保工程质量，方允许使用。

2. 粗集料的最大粒径

公称粒级的上限为该粒级的最大粒径。粗集料的最大粒径增大时，集料总表面积减小，因此，包裹其表面所需的水泥浆量减少，可节约水泥，并且在一定和易性及水泥用量条件下，能减少用水量而提高混凝土强度。所以，在条件许可的情况下，最大粒径尽可能选得大一些。

2.4.9　石子的表观密度、堆积密度和空隙率

石子的表观密度、堆积密度和空隙率应符合如下规定：表观密度通常为 2500 ~ 2600kg/m³ 之间；堆积密度通常为 1400 ~ 1600kg/m³ 之间；空隙率小于 47% 。

2.4.10　碎石或卵石中针、片状颗粒含量规定

碎石或卵石中针、片状颗粒含量应符合表 2-10 的规定。等于或小于 C10 级的混凝土，其针、片状颗粒含量可放宽到 40% 。

表 2-10　碎石或卵石中针、片状颗粒含量

混凝土强度等级	≥C60	C55 ~ C30	≤C25
针、片状颗粒含量按质量计(%)	≤8	≤15	≤25

2.4.11　碎石或卵石中的含泥量规定

碎石或卵石中的含泥量应符合表 2-11 的规定。对有抗冻、抗渗和其他特殊要求的混凝土，其所用碎石或卵石的含泥量不应大于 1.0% 。如含泥基本上是非黏土质的石粉时，含泥量可由表 2-11 的 1.0% 、2.0% ，分别提高到 1.5% 、3% ；对等于及小于 C10 级的混凝土用碎石或卵石，其含泥量可放宽到 2.5% 。

2.4.12　碎石或卵石中的泥块含量规定

碎石或卵石中的泥块含量应符合表 2-11 的规定。对有抗冻、抗渗和其他特殊要求的混凝土，其所用碎石或卵石的泥块含量应不大于 0.5% ；对等于或小于 C10 级的混凝土用碎石或卵石，其泥块含量可放宽到 1.0% ；做高强混凝土时应考虑石子的含泥量和泥块含量。

表 2-11　碎石或卵石中的含泥量、泥块含量

混凝土强度等级	≥C60	C55 ~ C30	≤C25
含泥量按质量计(%)	≤0.5	≤1.0	≤2.0
泥块含量按质量计(%)	≤0.2	≤0.5	≤0.7

2.4.13　碎石和卵石的压碎指标值

配制混凝土的碎石或卵石，必须具有足够的强度才能保证混凝土的强度和其他性能达到规定的要求。碎石的强度可用岩石的抗压强度和压碎指标值表示。在选择采石场或对粗集料强度有严格要求或对质量有争议时，宜采用岩石立方体检验；对于经常性的生产质量控制则采用压碎值检验较为方便。岩石强度首先应由生产单位提供，工程中可采用压碎指标值进行质量控制，碎石的压碎指标值宜符合表 2-12 的规定，卵石的压碎指标值应符合表 2-13 的规定。当混凝土强度等级为 C60 及以上时应进行岩石抗压强度检验，其他情况下如有怀疑或

认为有必要时也可以进行岩石的抗压强度检验。

表 2-12 碎石的压碎指标

岩石品种	混凝土强度等级	碎石压碎指标值
沉积岩	C60 ~ C40	≤10
	≤C35	≤16
变质岩或深成的火成岩	C60 ~ C40	≤12
	≤C35	≤20
喷出的火成岩	C60 ~ C40	≤13
	≤C35	≤30

注：水成岩包括石灰岩、砂岩等；变质岩包括片麻岩、石英岩等；深成的火成岩包括花岗岩、正长岩、闪长岩和橄榄岩等；喷出的火成岩包括玄武岩和辉绿岩等。

表 2-13 卵石的压碎指标

混凝土强度等级	C60 ~ C40	≤C35
压碎指标值	≤12	≤16

2.4.14 砂石的取样原则

1. 砂的取样原则

（1）砂的验收批及检验项目

1）验收批的划分：依据相关标准的规定，取样以产地、规格相同的不超过 $400m^3$ 或 600t 为 1 批，不足 $400m^3$ 或 600t 时也为一验收批。

2）检测项目：筛分析试验、含泥量、泥块含量、表观密度及堆积密度的检验。在做混凝土配合比时，应做砂子的含水率检验。

3）使用单位的质量检测报告内容应包括：委托单的填写、检测项目、检测结果和结论等。

（2）取样与缩分

1）取样。在料堆上取样时，取样部位应均匀分布。取样前先将取样部位表面铲除，然后由各部位抽取大致相等的砂共 8 份，组成 1 组样品。取样数量为 30 ~ 50kg（做配合比试验时应大于 100kg）。

2）缩分：人工四分法缩分。将所取每组样品置于平板上，在潮湿状态下拌和均匀，堆成厚度约 20mm 的"圆饼"。然后沿互相垂直的两条直径把"圆饼"分成四等份，取对角两份重新拌匀，再堆成"圆饼"，重新再分，直到缩分后的材料量略多于进行试验所需量为止，也可用分料器缩分。砂的堆积密度、含水率所用试样可不经缩分，在拌匀后直接进行试验。

2. 碎石或卵石的取样原则

（1）验收批及检验项目。

1）验收批的划分。依据相关标准的规定，取样以产地、规格相同的不超过 $400m^3$ 或 600t 为一批，不足 $400m^3$ 或 600t 时也为一验收批。

2）检测项目。颗粒级配、表观密度、堆积密度、空隙率、含泥量、泥块含量压碎指标值及针、片状颗粒含量检验。对重要工程或特殊工程应根据工程要求增加检测项目，对其他指标的合格性有怀疑时应予以检验。

3）使用单位的质量检测报告内容应包括：委托单的填写、检测项目、检测结果和结论等。

（2）取样与样品的缩分

1）取样。在料堆上取样时，取样部位应均匀分布。取样前先将取样部位表面铲除，然后由各部位抽取大致相等的石子 15 份（在料堆的顶部、中部和底部各由均匀分布的 5 个不同部位取得）组成 1 组样品。

2）缩分。将每组样品置于平板上，在自然状态下搅拌均匀，并堆成锥体，然后沿互相垂直的两条直径把锥体分成大致相等的 4 份，取其相对角的两份重新拌匀，再堆成锥体，重复上述过程，直至缩分后的材料量略多于进行试验所需的量为止。

碎石或卵石的含水率、堆积密度、紧密密度检验所用的试样，不经缩分，拌匀后直接进行试验。

2.4.15　合格判定

试验后，各项指标结果符合标准规定的全部技术要求，则判定该砂、石合格；若检验不合格时，应重新取样，对不合格项进行加倍复检，若仍有 1 个试样不能满足标准要求，应按不合格品处理。

课题 5　砂、石的主要技术指标检测

2.5.1　砂、石的检测标准

砂、石的检测标准有以下几个：

1）《普通混凝土用砂、石质量及检验方法标准》（JGJ 52—2006）。

2）《建设用砂》（GB/T 14684—2011）。

3）《建筑用卵石、碎石》（GB/T 14685—2011）。

2.5.2　筛分析试验

1. 砂子的筛分析试验

（1）试验目的　通过试验，测定砂各号筛上的筛余量，计算出各号筛的累计筛余百分率和砂的细度模数，评定砂的颗粒级配和粗细程度。

（2）仪器设备

1）试验筛：孔径为 10.0mm、5.00mm、2.50mm 的圆孔筛和孔径为 1.25mm、0.630mm、0.315mm、0.160mm 的方孔筛，以及筛的底盘和盖各一只，筛框直径为 300mm 或 200mm，其产品质量要求应符合现行的国家标准《金属穿孔板试验筛》（GB/T 6003.2—1997）的规定，如图 2-21 所示。

2）天平：称量为 1000g，感量为 1g。

3）摇筛机。

图 2-21　试验筛和振筛机

4）烘箱：温度控制在(105 ± 5)℃。

5）浅盘和硬、软毛刷等。

（3）试样制备规定　用于筛分析的试样，颗粒粒径不应大于10mm。试验前应将试样通过10mm筛，并算出筛余百分率。然后称取每份不少于550g的试样2份，分别倒入2个浅盘中，在(105 ± 5)℃的温度下烘干至恒重，冷却至室温备用。

恒重是指相邻2次称量间隔时间不大于3h的情况下，其前后2次称量之差不大于该项试验所要求的称量精度。

（4）试验步骤

1）称取烘干试样500g（精确至1g），将试样倒在按筛孔大小从大到小组合的套筛（附筛底）上，将套筛装入摇筛机内固定，筛分时间为10min左右，然后取出套筛，再按筛孔大小顺序，在清洁的浅盘上逐个进行手筛，直至每分钟的筛出量不超过试样总量的0.1%时为止。通过的颗粒并入下一个筛，并和下一个筛中的试样一起过筛，按这样顺序进行，直至每个筛全部筛完为止。

2）称出各筛的筛余量，试样在各号筛上的筛余量均不得超过下式计算的量。如超过时应将筛余试样分成2份，再次进行筛分，并以其筛余量之和作为筛余量。

$$m_r = \frac{A\sqrt{d}}{200}$$

式中　m_r——在1个筛上的剩余量（g）；

　　　d——筛孔尺寸（mm）；

　　　A——筛的面积（mm^2）。

3）称取各筛筛余试样的质量（精确至1g），各筛的分计筛余量和底盘中剩余量的总和与筛分前的试样总量相比，相差不得超过1%。

（5）计算步骤与评定

1）计算分计筛余百分率：各号筛的筛余量与试样总质量之比的百分率（精确至0.1%）。

2）计算累计筛余百分率：该号筛的分计筛余百分率加上该号筛以上各筛的分计筛余百分率的总和（精确至1%）。

3）根据各筛的累计筛余百分率评定该试样的颗粒级配分布情况。

4）砂的细度模数μ_f按下式计算（精确至0.01）。

$$\mu_f = \frac{(\beta_2 + \beta_3 + \beta_4 + \beta_5 + \beta_6) - 5\beta_1}{100 - \beta_1}$$

式中　β_1、β_2、β_3、β_4、β_5、β_6——5.00mm、2.50mm、1.25mm、0.630mm、0.315mm、0.160mm各筛的累计筛余百分率。

5）筛分析应采用2个试样平行试验。

评定：细度模数以2次试验结果的算术平均值为测定值（精确至0.1）。当2次试验所得的细度模数之差大于0.20时，应重新取试样进行试验。

筛分析计算步骤见表2-14，$m_总$为试样的总质量。

【例2-2】　砂子筛分析试验，称取试样500g，筛分析试验结果见表2-15（备注：黑体字为答案）。

表 2-14 筛分析计算步骤

筛子尺寸 /mm	分 计 筛 余		累计筛余 (%)
	筛余量/g	分计筛余(%)	
5.00	m_1	$a_1 = m_1/m_总 \times 100\%$	$\beta_1 = a_1$
2.50	m_2	$a_2 = m_2/m_总 \times 100\%$	$\beta_2 = a_1 + a_2$
1.25	m_3	$a_3 = m_3/m_总 \times 100\%$	$\beta_3 = a_1 + a_2 + a_3$
0.630	m_4	$a_4 = m_4/m_总 \times 100\%$	$\beta_4 = a_1 + a_2 + a_3 + a_4$
0.315	m_5	$a_5 = m_5/m_总 \times 100\%$	$\beta_5 = a_1 + a_2 + a_3 + a_4 + a_5$
0.160	m_6	$a_6 = m_6/m_总 \times 100\%$	$\beta_6 = a_1 + a_2 + a_3 + a_4 + a_5 + a_6$
0.160 以下	备注：计算试验后筛余量的总和与试验前筛余量的总和相比，相差不得超过1%，符合要求后方可计算		

表 2-15 筛分析试验结果

筛子尺寸 /mm	分 计 筛 余		累计筛余 (%)
	筛余量/g	分计筛余(%)	
5.00	21	4.2	4
2.50	49	9.8	14
1.25	68	14.4	28
0.630	119	23.8	52
0.315	216	43.2	95
0.160	21	4.2	99
0.160 以下	2	—	—

试计算该砂的分计筛余百分数、累计筛余百分数，假定另一组平行试验结果与本次试验相同，试计算该砂的细度模数，并判定该砂属粗砂、中砂还是细砂。（分计筛余、累计筛余可直接填在表格中，细度模数要写出计算公式并计算）。

【解】 1）试验前筛余量的总和与试验后筛余量的总和之差，与试验前筛余量的总和相比不得超过1%。

试验前的筛余量总和：500g。

试验后的筛余量总和：$(21 + 49 + 68 + 119 + 216 + 21 + 2)g = 496g$。

$$\frac{500 - 496}{500} \times 100\% = 0.8\% < 1\%$$

因此可以计算填表。

2）计算各筛的分计筛余百分率。

$$各筛的分计筛余百分率 = \frac{各号筛的筛余量}{试样总质量} \times 100\%$$

如：套筛 5.00mm 的分计筛余百分率为 $21 \div 500 \times 100\% = 4.2\%$，依次计算填入表中的分计筛余百分率栏里。

3）计算各筛的累计筛余百分率。

各筛的累计筛余百分率＝该号筛的分计筛余百分率＋该号筛以上各筛的分计筛余百分率

如：套筛 1.25mm 的累计筛余百分率为 $4.2 + 9.8 + 14.4 = 28.4 \approx 28$，依次计算填入表中的累计筛余百分率栏里。

4）0.630mm 筛孔的累计筛余百分率为 52%，因此属Ⅱ区砂。

5）计算细度模数 μ_f。

$$\mu_{f1} = \frac{(\beta_2 + \beta_3 + \beta_4 + \beta_5 + \beta_6) - 5\beta_1}{100 - \beta_1} = \frac{(14 + 28 + 52 + 95 + 100) - 5 \times 4}{100 - 4} = \frac{269}{96} \approx 2.80$$

根据题意 $\mu_{f2} = 2.80$。

因此 　　　　　　　$$\mu_f = \frac{\mu_{f1} + \mu_{f2}}{2} = \frac{2.80 + 2.80}{2} = 2.8$$

6）判定。

因为，$\mu_f = 2.8$ 在 3.0～2.3 之间。

所以，此砂为中砂。

2. 石子的筛分析试验

（1）试验目的　通过试验，测定石子各号筛上的筛余量，计算出各号筛的累计筛余百分率，评定石子的颗粒级配。

（2）仪器设备

1）试验筛：孔径为 100mm、80.0mm、63.0mm、50.0mm、40.0mm、31.5mm、25.0mm、20.0mm、16.0mm、10.0mm、5.00mm 和 2.50mm 的圆孔筛，以及筛的底盘和盖各一只，其规格和质量要求应符合《金属穿孔板试验筛》（GB/T 6003.2—1997）的规定（筛框内径均为300mm），如图 2-22 所示。

2）天平或案秤：称量为 10kg，感量为 1g。

3）烘箱：能使温度控制在（105±5）℃。

4）摇筛机。

5）浅盘等。

图 2-22　石子试验筛

（3）试样制备规定　试验前，用四分法将样品缩分至略重于表 2-16 所规定的试样所需量，烘干或风干后备用。

（4）试验步骤

1）按表 2-16 的规定称取试样（精确至 1g）。

表 2-16　筛分析所需试样的最小质量

最大公称粒径/mm	10.0	16.0	20.0	25.0	31.5	40.0	63.0	80.0
试样质量不少于/kg	2.0	3.2	4.0	5.0	6.3	8.0	12.6	16.0

2）将试样按筛孔大小顺序过筛，当每号筛上筛余层的厚度大于试样的最大粒径值时，应将该号筛上的筛余分成 2 份，再次进行筛分，直至各筛每分钟的通过量不超过试样总量的

0.1%。当筛余颗粒的粒径大于 20mm 时，在筛分过程中，允许用手指拨动颗粒。

3）称取各筛筛余的质量(精确至 1g)，所有各筛的分计筛余量和底盘中剩余量的总和与筛分前的试样总量相比，相差不得超过 1%。

（5）计算步骤与评定

1）由各筛上的筛余量除以试样总重计算得出该号筛的分计筛余百分率(精确至 0.1%)。

2）每号筛计算得出的分计筛余百分率与大于该号筛各筛的分计筛余百分率相加，计算得出其累计筛余百分率(精确至 1%)。

3）根据各筛的累计筛余百分率，评定该试样的颗粒级配。

2.5.3　含泥量、泥块含量试验

1. 砂子的含泥量试验（标准方法）

含泥量是指砂中粒径小于 0.080mm 的颗粒含量。

（1）试验目的　通过试验，测定砂的含泥量，评定砂是否达到技术要求，能否用于指定工程中。

（2）仪器设备

1）天平：称量为 1000g，感量为 1g。

2）烘箱：能使温度控制在 (105±5)℃。

3）筛：孔径为 0.080mm 及 1.250mm 筛各一个。

4）洗砂用的容器及烘干用的浅盘等。

（3）试样制备规定　将样品在潮湿状态下用四分法缩分至约 1100g，置于温度为 (105±5)℃ 的烘箱中烘干至恒重，冷却至室温后，立即称取各为 400g(m_0)的试样 2 份备用。

（4）试验步骤

1）取烘干的试样一份置于容器中，并注入饮用水，使水面高出砂面约 150mm 充分拌混均匀后浸泡 2h，然后用手在水中淘洗试样，使尘屑、淤泥和黏土与砂粒分离，并使之悬浮或溶于水中。缓缓地将浑浊液倒入 1.250mm 及 0.080mm 的套筛(1.250mm 筛放置上面)上，滤去小于 0.080mm 的颗粒。试验前筛子的两面应先用水润湿，在整个试验过程中应注意避免砂粒丢失。

2）再次加水于容器中，重复上述过程，直到洗出的水清澈为止。

3）用水冲洗剩余在筛上的细粒，并将 0.080mm 筛放在水中来回摇动，以充分洗掉小于 0.080mm 的颗粒。然后将 2 只筛上剩留的颗粒和筒中已经洗净的试样一并装入浅盘，置于温度为 (105±5)℃ 的烘箱中烘干至恒重，冷却至室温后，称试样的质量(m_1)。

（5）计算公式与评定　砂的含泥量 ω_c(%)应按下式计算(精确至 0.1%)。

$$\omega_c = \frac{m_0 - m_1}{m_0} \times 100(\%)$$

式中　m_0——试验前的烘干试样质量(g)；

　　　m_1——试验后的烘干试样质量(g)。

评定：以 2 个试样试验结果的算术平均值作为测定值。2 个结果的差值超过 0.5% 时，应重新取样进行试验。

2. 石子的含泥量试验

粒径小于 0.080mm 的颗粒含量称为含泥量。

（1）试验目的　通过试验，测定石子中的含泥量，评定石子是否达到技术要求，能否用于指定工程中。

（2）仪器设备

1）案秤：称量为 10kg，感量为 10g。对最大粒径小于 15mm 的碎石或卵石应用称量为 5kg，感量为 5g 的天平。

2）烘箱：能使温度控制在（105±5）℃。

3）试验筛：孔径为 1.250mm 及 0.080mm 筛各 1 个。

4）容器：容积约 10L 的瓷盘或金属盒。

5）浅盘。

（3）试样制备规定　试验前，将试样用四分法缩分为略重于表 2-17 所规定的量，并置于温度为（105±5）℃的烘箱内烘干至恒重，冷却至室温后分成 2 份备用。

表 2-17　含泥量试验所需的试样最小质量

最大粒径/mm	10.0	16.0	20.0	25.0	31.5	40.0	63.0	80.0
试样最小质量/kg	2	2	6	6	10	10	20	20

（4）试验步骤

1）称取试样 1 份（m_0）装入容器中摊平，并注入饮用水，使水面高出石子表面 150mm。用手在水中淘洗颗粒，使尘屑、淤泥和黏土与较低粗颗粒分离，并使之悬浮或溶解于水中。缓缓地将浑浊液倒入 1.250mm 及 0.080mm 的套筛上，滤去小于 0.080mm 的颗粒。试验前筛子的两面应先用水湿润，在整个试验过程中应注意避免大于 0.080mm 的颗粒丢失。

2）再次加水于容器中，重复上述过程，直至洗出的水清澈为止。

3）用水冲洗剩余在筛上的细粒，并将 0.080mm 筛放在水中（使水面略高出筛内颗粒）来回摇动，以充分洗除小于 0.080mm 的颗粒。然后，将 2 只筛上剩留的颗粒和筒中已洗净的试样一并装入浅盘，置于温度为（105±5）℃的烘箱中烘干至恒重，冷却至室温后，称取试样的质量（m_1）。

（5）结果计算与评定　含泥量 ω_c（%）应按下式计算（精确至 0.1%）。

$$\omega_c = \frac{m_0 - m_1}{m_0} \times 100(\%)$$

式中　m_0——试验前烘干试样的质量（g）；

　　　m_1——试验后烘干试样的质量（g）。

评定：以 2 个试样试验结果的算术平均值作为测定值。如 2 次结果的差值超过 0.2% 时，应重新取样进行试验。

3. 砂子的泥块含量试验

泥块含量是指砂中粒径大于 1.250mm，经水洗、手捏后变成小于 0.630mm 颗粒的含量。

（1）试验目的　通过试验，测定砂中泥块含量，评定砂是否达到技术要求，能否用于指定工程中。

（2）仪器设备

1）天平：称量为 200g，感量为 2g。

2）烘箱：能使温度控制在（105 ± 5）℃。

3）试验筛：孔径为 0.630mm 及 1.250mm 筛各 1 个。

4）洗砂用的容器及烘干用的浅盘等。

（3）试样制备规定　将样品在潮湿状态下用四分法缩分至约 3000g，置于温度为（105 ± 5）℃的烘箱中烘干至恒重，冷却至室温后，用 1.250mm 筛筛分，取筛上的砂 400g 分为 2 份备用。

（4）试验步骤

1）称取试样 200g（m_1）置于容器中，并注入饮用水，使水面高出砂面约 150mm。充分拌混均匀后浸泡 24h，然后用手在水中碾碎泥块，再把试样放在 0.630mm 的筛上，用水淘洗，直至水清澈为止。

2）保留下来的试样应小心地从筛里取出，装入浅盘后，置于温度为（105 ± 5）℃的烘箱中烘干至恒重，冷却后称重（m_2）。

（5）计算公式与评定　砂中泥块含量 $\omega_{c,1}$（%）应按下式计算（精确至 0.1%）。

$$\omega_{c,1} = \frac{m_1 - m_2}{m_1} \times 100 (\%)$$

式中　m_1——试验前的干燥试样质量（g）；

　　　　m_2——试验后的干燥试样质量（g）。

评定：取 2 个试样试验结果的算术平均值作为测定值。2 个结果的差值超过 0.4% 时，应重新取样进行试验。

4. 石子的泥块含量试验

石子中粒径大于 5mm，经水洗、手捏后变成小于 2.5mm 颗粒的含量，称为泥块含量。

（1）试验目的　通过试验，测定石子中泥块含量，评定石子是否达到技术要求，能否用于指定工程中。

（2）仪器设备

1）案秤：称量为 20kg、感量为 20g 及称量为 10kg、感量为 10g 各 1 台。

2）天平：称量为 5kg，感量为 5g。

3）试验筛：孔径为 2.50mm 及 5.00mm 筛各 1 个。

4）洗石用水筒及烘干用的浅盘等。

（3）试样制备规定　试验前，将样品用四分法缩分至略大于表 2-17 所示的量，缩分应注意防止所含黏土块被压碎，缩分后的试样在（105 ± 5）℃烘箱内烘至恒重，冷却至室温后分成 2 份备用。

（4）试验步骤

1）筛去 5mm 以下颗粒，称重（m_1）。

2）将试样在容器中摊平，加入饮用水使水面高出试样表面，24h 后把水放出，用手碾压泥块，然后把试样放在 2.50mm 筛上摇动，直至洗出的水清澈为止。

至室温后称重(m_2)。

（5）结果计算与评定　泥块含量 $\omega_{c,1}$（%）应按下式计算（精确至 0.1%）。

$$\omega_{c,1} = \frac{m_1 - m_2}{m_1} \times 100（\%）$$

式中　m_1——5.00mm 筛筛余量（g）；

　　　　m_2——试验后烘干试样的质量（g）。

评定：以 2 个试样试验结果的算术平均值作为测定值。如 2 次结果的差值超过 0.2% 时，应重新取样进行试验。

2.5.4　表观密度、堆积密度试验

1. 砂子的表观密度试验（简易方法）

表观密度是指集料颗粒单位体积（包括内封闭孔隙）的质量。

（1）试验目的　通过试验，测定砂的表观密度，计算砂的表观体积，为计算砂的空隙率提供依据。

（2）仪器设备

1）天平：称量为 100g，感量为 0.1g。

2）李氏瓶：容量为 250mL，如图 2-23 所示。

3）干燥器、浅盘、铝制料勺、温度计等。

4）烘箱：温度控制在（105 ± 5）℃。

5）烧杯：500mL。

（3）试样制备规定　将样品在潮湿状态下用四分法缩分至 120g 左右，在（105 ± 5）℃的烘箱中烘干至

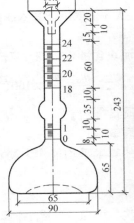

图 2-23　李氏瓶

恒重，并在干燥器中冷却至室温，分成大致相等的 2 份备用。

（4）试验步骤

1）向李氏瓶中注入冷开水至一定刻度处，擦干瓶颈内部附着的水，记录水的体积（V_1）。

2）称取烘干试样 50g（m_0），徐徐装入盛水的李氏瓶中。

3）试样全部装入瓶中后，用瓶内的水将黏附在瓶颈和瓶壁的试样洗入水中，轻摇李氏瓶以排除气泡，静置约 24h 后，记录瓶中水面升高后的体积（V_2）。

表观密度试验过程中，应把水的温度控制在 15 ~ 25℃ 范围内，但 2 次体积测定（指 V_1 和 V_2）的温差不得大于 2℃。从试样加水静置的最后 2h 起，直至记录完瓶中水面升高时止，其温差不应超过 2℃。

（5）计算公式与评定　表观密度 ρ（kg/m³）应按下式计算（精确至 10kg/m³）。

$$\rho = \left(\frac{m_0}{V_2 - V_1} - \alpha_t \right) \times 1000$$

式中 m_0——试样的烘干质量(g);

       V_1——水的原有体积(mL);

       V_2——倒入试样后水和试样的体积(mL);

       α_t——考虑称量时的水温对水相对密度影响的修正系数,见表2-18。

表 2-18   不同水温下砂的表观密度温度修正系数

水温/℃	15	16	17	18	19	20	21	22	23	24	25
α_t	0.002	0.003	0.003	0.004	0.004	0.005	0.005	0.006	0.006	0.007	0.008

评定:以2次试验结果的算术平均值作为测定值,当2次结果之差大于20kg/m³时,应重新取样进行试验。

2. 石子的表观密度试验(标准方法)

集料颗粒单位体积(包括内封闭孔隙)的质量,称为表观密度。

(1)试验目的   通过试验,测定石子的表观密度,计算石子的表观体积,为计算石子的空隙率提供依据。

(2)仪器设备

1)天平:称量为5kg,感量为1g,其型号及尺寸应能允许在臂上悬挂盛试样的吊篮,并在水中称重。

2)吊篮:直径和高度均为150mm,由孔径为1~2mm的筛网或钻有2~3mm孔洞的耐锈蚀金属板制成。

3)盛水容器:有溢流孔。

4)烘箱:能使温度控制在(105±5)℃。

5)试验筛:孔径为5mm。

6)温度计:0~100℃。

7)带盖容器、浅盘、刷子和毛巾等。

(3)试样制备规定   试验前,将样品筛去5mm以下的颗粒,并缩分至略重于表2-19所规定的数量,刷洗干净后分成2份备用。

(4)试验步骤

1)按表2-19的规定称取试样。

表 2-19   表观密度试验所需试样的最小质量

最大粒径/mm	10.0	16.0	20.0	31.5	40.0	63.0	80.0
试样最小质量/kg	2	2	2	3	4	6	6

2)取试样1份装入吊篮,并浸入盛水的容器中,水面至少高出试样50mm。

3)浸水2h后,移放到称量用的盛水容器中,并用上下升降吊篮的方法排除气泡(试样不得露出水面)。吊篮每升降1次约为1s,升降高度为30~50mm。

4）测定水温后（此时吊篮应全浸在水中），用天平称取吊篮及试样在水中的质量（m_2）。称量时盛水容器中水面的高度由容器的溢流孔控制。

5）提起吊篮，将试样置于浅盘中，放在（105±5）℃的烘箱中烘干至恒重，取出来放在带盖的容器中冷却至室温后称重（m_0）。

6）称取吊篮在同样温度的水中质量（m_1），称量时盛水容器的水面高度仍应由溢流口控制。试验的各项称重可以在15～25℃的温度范围内进行，但从试样加水静置的最后2h起直至试验结束，其温差不应超过2℃。

（5）计算公式与评定　表观密度 ρ（kg/m³）应按下式计算（精确至10kg/m³）。

$$\rho = \left(\frac{m_0}{m_0 + m_1 - m_2} - \alpha_t \right) \times 1000$$

式中　m_0——试样的烘干质量（g）；

$\quad\quad m_1$——吊篮在水中的质量（g）；

$\quad\quad m_2$——吊篮及试样在水中的质量（g）；

$\quad\quad \alpha_t$——考虑称量时的水温对表观密度影响的修正系数，见表2-20。

表2-20　不同水温下碎石或卵石的表观密度温度修正系数

水温/℃	15	16	17	18	19	20	21	22	23	24	25
α_t	0.002	0.003	0.003	0.004	0.004	0.005	0.005	0.006	0.006	0.007	0.008

评定：以2次试验结果的算术平均值作为测定值。当2次结果之差大于20kg/m³时，应重新进行试验。对颗粒材质不均匀的试样，当2次试验结果之差超过规定时，可取4次测定结果的算术平均值作为测定值。

3. 石子的表观密度试验（简易方法）

本方法不宜用于最大粒径超过40mm的碎石或卵石。

（1）仪器设备

1）烘箱：能使温度控制在（105±5）℃。

2）天平：称量为5kg，感量为5g。

3）广口瓶：1000mL，磨口，并带玻璃片。

4）试验筛：孔径为5mm。

5）毛巾、刷子等。

（2）试样制备规定　试验前，将样品筛去5mm以下的颗粒，用四分法缩分至不少于2kg，洗刷干净后，分成2份备用。

（3）试验步骤

1）按表2-19规定的数量称取试样。

2）将试样浸水饱和，然后装入广口瓶中。装试样时，广口瓶应倾斜放置，注入饮用水，用玻璃片覆盖瓶口，以上下左右摇晃的方法排除气泡。

3）气泡排尽后，向瓶中添加饮用水直至水面凸出瓶口边缘。然后用玻璃片沿瓶口迅速滑行，使其紧贴瓶口水面。擦干瓶外水分后，称取试样、水、瓶和玻璃片总重（m_1）。

4）将瓶中的试样倒入浅盘中，放在（105±5）℃的烘箱中烘干至恒重。取出放在带盖的容器中冷却至室温后称重（m_0）。

5）将瓶洗净，重新注入饮用水，用玻璃片紧贴瓶口水面，擦干瓶外水分后称重(m_2）。水温控制与标准方法相同。

（4）结果计算与评定　表观密度ρ（kg/m^3）应按下式计算（精确至$10kg/m^3$）。

$$\rho = \left(\frac{m_0}{m_0 + m_2 - m_1} - \alpha_t \right) \times 1000$$

式中　m_0——烘干后试样质量（g）；

　　　　m_1——试样、水、瓶和玻璃片总重（g）；

　　　　m_2——水、瓶和玻璃片总重（g）；

　　　　α_t——考虑称量时的水温对表观密度影响的修正系数，见表2-20。

评定：以2次试验结果的算术平均值作为测定值。当2次结果之差大于$20kg/m^3$时，应重新进行试验。对颗粒材质不均匀的试样，当2次试验结果之差超过规定时，可取4次测定结果的算术平均值作为测定值。

4. 砂子的堆积密度和紧密密度试验

集料在自然堆积状态下单位体积的质量称为堆积密度；集料按规定方法填实后单位体积的质量称为紧密密度。

（1）试验目的　通过试验，测定砂的堆积密度，为估算松散砂子的堆积体积及质量、计算砂的空隙率提供依据。

（2）仪器设备

1）案秤：称量为5000g，感量为5g。

2）容量筒：金属制，圆柱形，内径为108mm，净高为109mm，筒壁厚为2mm，容积约为1L，筒底厚为5mm。

3）漏斗（见图2-24）或铝制料勺。

4）烘箱：能使温度控制在（105±5）℃。

5）直尺、浅盘等。

（3）试样制备规定。用浅盘装样品约3L，在温度为（105±5）℃烘箱中烘干至恒重，取出并冷却至室温，再用5mm孔径的筛子过筛，分成大致相等的2份备用，试样烘干后如有结块，应在试验前先捏碎。

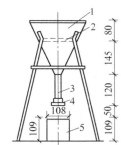

图2-24　标准漏斗
1—漏斗　2—筛　3—ϕ20mm
管子　4—活动门
5—金属量筒

（4）试验步骤

1）堆积密度：取试样1份，用漏斗或铝制料勺，将它徐徐装入容量筒（漏斗口或料勺距容量筒筒口不应超过50mm），直至试样装满并超出容量筒筒口。然后用直尺将多余的试样沿筒口中心线向2个相反方向刮平，称其质量（m_2）。

2）紧密密度：取试样1份，分2层装入容量筒。装完1层后，在筒底垫放1根直径为10mm的钢筋，将筒按住，左右交替颠击两边地面各25下，然后再装入第二层，第二层装满后，用同样方法颠实（但筒底所垫钢筋的方向应与第一层放置方向垂直）。第二层装完并颠实后，加料直至试样超出容量筒筒口，然后用直尺将多余的试样沿筒口中心线向两个相反方向刮平，称其质量（m_2）。

（5）计算公式与评定

1）堆积密度ρ_p（kg/m^3）及紧密密度ρ_c（kg/m^3），按下式计算（精确至$10kg/m^3$）。

$$\rho_p(\rho_c) = \frac{m_2 - m_1}{V} \times 1000$$

式中　m_1——容量筒的质量(kg)；

　　　m_2——容量筒和砂总重(kg)；

　　　V——容量筒容积(L)。

评定：以2次试验结果的算术平均值作为测定值。

2）空隙率按下式计算(精确至1%)。

$$v_1 = \left(1 - \frac{\rho_p}{\rho}\right) \times 100(\%)$$

$$v_c = \left(1 - \frac{\rho_c}{\rho}\right) \times 100(\%)$$

式中　v_1——堆积密度的空隙率；

　　　v_c——紧密密度的空隙率；

　　　ρ_p——砂的堆积密度(kg/m^3)；

　　　ρ——砂的表观密度(kg/m^3)；

　　　ρ_c——砂的紧密密度(kg/m^3)。

5. 石子的堆积密度、紧密密度和空隙率试验

集料在自然堆积状态下单位体积的质量称为堆积密度；集料按规定方法填实后单位体积的质量称为紧密密度。

(1) 试验目的　通过试验，测定石子的堆积密度，为估算松散石子的堆积体积及质量、计算石子的空隙率提供依据。

(2) 仪器设备

1) 案秤：称量为50kg、感量为50g及称量为100kg、感量为100g各一台。

2) 容量筒：金属制，其规格见表2-21。

3) 烘箱：能使温度控制在(105±5)℃。

(3) 试样制备要求　试验前，取质量约等于表2-21所规定的试样放入浅盘，在(105±5)℃的烘箱中烘干，也可以摊在清洁的地面上风干，拌匀后分成2份备用。测定紧密密度时，对最大粒径为31.5mm、40.0mm的集料，可采用10L的容量筒；对最大粒径为63.0mm、80.0mm的集料，可采用20L的容量筒。

表2-21　容量筒的规格要求

碎石或卵石的最大粒径/mm	容量筒容积/L	容量筒规格/mm		筒壁厚度/mm
		内径	净高	
10.0；16.0；20.0；25.0	10	208	294	2
31.5；40.0	20	294	294	3
63.0；80.0	30	360	294	4

(4) 试验步骤

1) 堆积密度。取试样1份，置于平整干净的地板上，用平头铁锹铲起试样，使石子自由落入容量筒内。此时，从铁锹的齐口至容量筒上口的距离应保持在50mm左右，装满容量筒并除去凸出筒口表面的颗粒，并以合适的颗粒填入凹陷部分，使表面稍凸起部分和凹陷部分的体积大致相等，称取试样和容量筒总重(m_2)。

2）紧密密度。取试样 1 份，分 3 层装入容量筒。装完 1 层后，在筒底垫放 1 根直径为 25mm 的钢筋，将筒按住，左右交替颠击地面各 25 下，然后装入第二层。第二层装满后，用同样方法颠实（但筒底所垫钢筋的方向应与第一层放置方向垂直），然后再装入第三层，如法颠实。待 3 层试样装填完毕后，加料直到试样超出容量筒筒口，用钢筋沿筒口边缘滚转，刮下高出筒口的颗粒，用合适的颗粒填平凹处，使表面稍凸起部分和凹陷部分的体积大致相等，称取试样和容量筒总重(m_2)。

（5）结果计算与评定

1）堆积密度 ρ_p(kg/m³) 及紧密密度 ρ_c(kg/m³)，按下式计算（精确至 10kg/m³）。

$$\rho_p(\rho_c) = \frac{m_2 - m_1}{V} \times 1000$$

式中　m_1——容量筒的质量(kg)；

　　　m_2——容量筒和石子总重(kg)；

　　　V——容量筒的容积(L)。

评定：以 2 次试验结果的算术平均值作为测定值。

2）空隙率(v_1、v_c)分别按下式计算（精确至 1%）。

$$v_1 = \left(1 - \frac{\rho_p}{\rho}\right) \times 100(\%)$$

$$v_c = \left(1 - \frac{\rho_c}{\rho}\right) \times 100(\%)$$

式中　ρ_p——碎石或卵石的堆积密度(kg/m³)；

　　　ρ_c——碎石或卵石的紧密密度(kg/m³)；

　　　ρ——碎石或卵石的表观密度(kg/m³)。

2.5.5　含水率试验

1. 砂子的含水率试验

砂子在空气中吸收水分的性质称为吸湿性，用含水率表示，即砂子所含水的质量与砂子干质量的百分比。

（1）试验目的　通过试验，测定砂的含水率，计算混凝土的施工配合比，确保混凝土配合比的准确。

（2）仪器设备

1）烘箱：能使温度控制在(105±5)℃。

2）天平：称量为 2000g，感量为 2g 及称量为 1000g，感量为 1g 的天平各 1 台。

3）电炉（或火炉）。

4）容器：如浅盘，炒盘（铁制或铝制），油灰铲、毛刷等。

（3）试验步骤

1）标准方法：由样品中取各重约 500g 的试样 2 份，分别放入已知质量的干燥容器(m_1)中称重，记下每盘试样与容器的总重(m_2)，将容器连同试样放入温度为(105±5)℃的烘箱中烘干至恒重，称量烘干后的试样与容器的总重(m_3)。

2）快速方法：向干净的炒盘中加入约 500g 试样，称取试样与砂盘的总重(m_2)。将炒盘置于电炉（或火炉）上，用小铲不断地翻拌试样，直到试样表面全部干燥后，切断电源（或移出火外），再继续翻拌 1min，稍冷却（以免损坏天平）后，称干样与炒盘的总重(m_3)。快速方法对含泥量过大及有机杂质较多的砂不宜采用。

（4）计算公式与评定　砂的含水率 ω_{wc}（%）按下式计算（精确至 0.1%）。

$$\omega_{wc} = \frac{m_2 - m_3}{m_3 - m_1} \times 100 \, (\%)$$

式中　m_1——容器质量（g）；

　　　m_2——未烘干的试样与容器的总重（g）；

　　　m_3——烘干后的试样与容器的总重（g）。

评定：以 2 次试验结果的算术平均值作为测定值。各次试验前试样应予密封，以防水分散失。

2. 石子的含水率试验

石子在空气中吸收水分的性质称为吸湿性，用含水率表示，即石子所含水的质量与石子干质量的百分比。

（1）试验目的　通过试验，测定石子的含水率，计算混凝土的施工配合比，确保混凝土配合比的准确。

（2）仪器设备

1）烘箱：能使温度控制在（105 ± 5）℃。

2）天平：称量为 5kg，感量为 5g。

3）浅盘等。

（3）试验步骤

1）取质量约等于表 2-19 所要求的试样，分成 2 份备用。

2）将试样置于干净的容器中，称取试样和容器的总重(m_1)，并在（105 ± 5）℃的烘箱中烘干至恒重。

3）取出试样，冷却后称取试样与容器的总重(m_2)。

（4）计算公式与评定　含水率 ω_{wc}（%）应按下式计算（精确至 0.1%）。

$$\omega_{wc} = \frac{m_1 - m_2}{m_2 - m_3} \times 100 \, (\%)$$

式中　m_1——烘干前试样与容器总重（g）；

　　　m_2——烘干后试样与容器总重（g）；

　　　m_3——容器质量（g）。

评定：以 2 次试验结果的算术平均值作为测定值。

2.5.6　石子的吸水率试验

吸水率是指以烘干质量为基准的饱和面干吸水率。

（1）试验目的　测定石子的吸收水分的试验。

（2）仪器设备

1）烘箱：能使温度控制在（105 ± 5）℃。

2）天平：称量为 5kg，感量为 5g。

3）试验筛：孔径为 5mm。

4）容器、浅盘、金属丝刷和毛巾等。

（3）试样制备要求　试验前，将样品筛去 5mm 以下的颗粒，然后用四分法缩分至略重于表 2-22 所规定的质量，分成 2 份，用金属丝刷刷净后备用。

表 2-22　吸水率试验所需试样的最小质量

最大粒径/mm	10.0	16.0	20.0	25.0	31.5	40.0	63.0	80.0
试样最小质量/kg	2	2	4	4	4	4	6	8

（4）试验步骤

1）取试样 1 份置于盛水的容器中，使水面高出试样表面 5mm 左右，24h 后从水中取出试样，并用拧干的湿毛巾将颗粒表面的水分拭干，即成为饱和面干试样。然后，立即将试样放在浅盘中称重（m_2），在整个试验过程中，水温须保持在（20 ± 5）℃。

2）将饱和面干试样连同浅盘置于（105 ± 5）℃的烘箱中烘干至恒重。然后取出，放入带盖的容器中冷却 0.5 ~ 1h，称取烘干试样与浅盘的总重（m_1），称取浅盘的质量（m_3）。

（5）计算公式与评定　吸水率 ω_{wa}（%）应按下式计算（精确至 0.01%）。

$$\omega_{wa} = \frac{m_2 - m_1}{m_1 - m_3} \times 100(\%)$$

式中　m_1——烘干试样与浅盘总重（g）；

　　　m_2——烘干前饱和面干试样与浅盘总重（g）；

　　　m_3——浅盘质量（g）。

评定：以 2 次试验结果的算术平均值作为测定值。

2.5.7　针、片状颗粒含量试验

凡岩石颗粒的长度大于该颗粒所属粒级平均粒径的 2.4 倍者为针状颗粒；厚度小于平均粒径 0.4 倍者为片状颗粒。平均粒径指该粒级上、下限粒径的平均值。

（1）试验目的　测定石子的针、片状颗粒含量试验。

（2）仪器设备

1）针状规准仪和片状规准仪（见图 2-25）或游标卡尺。

2）天平：称量为 2kg，感量为 2g。

3）秤：称量为 20kg，感量为 20g。

4）试验筛：孔径分别为 5.00mm、10.0mm、16.0mm、20.0mm、25.0mm、31.5mm、40.0mm、63.0mm 和 80.0mm，根据需要选用。

（3）试样制备规定　试验前，将试样在室内风干至表面干燥，并用四分法缩分至略重于表 2-23 规定的数量，称重（m_0），然后筛分成表 2-24 所规定的粒级备用。

图 2-25　针状规准仪和片状规准仪

表 2-23　针、片状试验所需的试样最小质量

最大粒径/mm	10.0	16.0	20.0	25.0	31.5	≥40.0
试样最小质量/kg	0.3	1	2	3	5	10

（4）试验步骤

1）按表 2-24 所规定的粒级用规准仪逐粒对试样进行鉴定，颗粒长度大于针状规准仪上相对应间距者，为针状颗粒；厚度小于片状规准仪上相应孔宽者，为片状颗粒。

表 2-24　针、片状试验的粒级划分及其相应的规准仪孔宽或间距

粒径/mm	5~10	10~16	16~20	20~25	25~31.5	31.5~40.0
片状规准仪上相对应的孔宽/mm	2.8	5.1	7.0	9.1	11.6	13.8
针状规准仪上相对应的间距/mm	17.1	30.6	42.0	54.6	69.6	82.8

2）粒径大于 40mm 的碎石或卵石可用卡尺鉴定其针、片状颗粒，卡尺卡口的设定宽度应符合表 2-25 的规定。

表 2-25　大于 40mm 粒级颗粒卡尺卡口的设定宽度

粒级/mm	40~63	63~80
鉴定片状颗粒的卡口宽度/mm	18.1	27.6
鉴定针状颗粒的卡口宽度/mm	108.6	165.6

3）称量由各粒级挑出的针、片状颗粒的总重（m_1）。

（5）结果计算　碎石或卵石中针、片状颗粒含量 ω_p（%）应按下式计算（精确至 0.1%）。

$$\omega_p = \frac{m_1}{m_0} \times 100 \, (\%)$$

式中　m_1——试样中所含针、片状颗粒的总重（g）；

m_0——试样总重（g）。

2.5.8　岩石的抗压强度试验

（1）试验目的　测定岩石的抗压强度。

（2）仪器设备

1）压力试验机：荷载 1000kN。

2）石材切割机或钻石机。

3）岩石磨光机。

4）游标卡尺、角尺等。

（3）试样制作规定　试验时，取有代表性的岩石样品用石材切割机切割成边长为 50mm 的立方体，或用钻石机钻取直径与高度均为 50mm 的圆柱体。然后，用磨光机把试件与压力机压板接触的 2 个面磨光并保持平行，试件形状须用角尺检查。至少应制作 6 个试块，对有显著层理的岩石，应取 2 组试件（12 块）分别测定其垂直和平行于层理的强度值。

（4）试验步骤

1）用游标卡尺量取试件的尺寸（精确至 0.1mm）。对于立方体试件，在顶面和底面上各

量取其边长，以各个面上相互平行的2个边长的算术平均值作为宽或高，由此计算面积。对于圆柱体试件，在顶面和底面上各量取相互垂直的2个直径，以其算术平均值计算面积。取顶面和底面面积的算术平均值作为计算抗压强度所用的截面积。

2）将试件置于水中浸泡48h，水面应至少高出试件顶面20mm。

3）取出试件，擦干表面，放在压力机上进行强度试验，试验时加压速率应为每秒钟0.5～1MPa。

（5）结果计算与评定　岩石的抗压强度f（MPa）应按下式计算（精确至1MPa）。

$$f = \frac{F}{A}（\text{MPa}）$$

式中　F——破坏荷载（N）；

　　　A——试件的截面积（mm^2）。

评定：取6个试件试验结果的算术平均值作为抗压强度测定值，当6个试件中的2个与其他4个试件抗压强度的算术平均值相差3倍以上时，则取试验结果相接近的4个试件的抗压强度算术平均值作为抗压强度测定值。

对具有显著层理的岩石，其抗压强度应为垂直于层理及平行于层理的抗压强度平均值。

2.5.9　石子的压碎指标值试验

碎石或卵石抵抗压碎的能力，称为压碎指标值。

（1）试验目的　测定石子的压碎指标值。

（2）仪器设备

1）压力试验机：荷载300kN。

2）压碎指标值测定仪（见图2-26）。

3）天平：称量为5kg，感量为5g。

（3）试样制备规定　标准试样一律应采用10～20mm的颗粒，并在气干状态下进行试验。对多种岩石组成的卵石，当其粒径大于20mm颗粒的岩石矿物成分与10～20mm颗粒有显著差异时，对大于20mm的颗粒应经人工破碎后，筛取10～20mm标准粒级另外进行压碎指标值试验。试验前，先将试样筛去10mm以下及20mm以上的颗粒，再用针、片状规准仪剔除其针、片状颗粒，然后称取每份3kg的试样3份备用。

（4）试验步骤

1）置圆筒于底盘上，取试样1份，分两层装入筒内。每装完1层试样后，在底盘下面垫放一个直径为10mm的圆钢筋，将筒按住，左右交替颠击地面各25下。第二层颠实后，试样表面距盘底的高度应控制在100mm左右。

2）整平筒内试样表面，把加压头装好（注意应使加压头保持平正），放到试验机上，在160～300s内均匀地加荷到200kN，稳定5s，然后卸荷，取出测定筒。倒出筒中的试样并称其质量（m_0），用孔径为2.50mm的筛筛除被压碎的细粒，称量剩留在筛上的试样质量（m_1）。

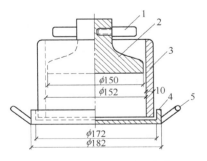

图2-26　压碎指标值测定仪
1—把手　2—加压头　3—圆筒
4—底盘　5—手把

（5）结果计算与评定　碎石或卵石的压碎指标值 δ_a（%），应按下式计算（精确至 0.1%）。

$$\delta_a = \frac{m_0 - m_1}{m_0} \times 100 \quad（\%）$$

式中　m_0——试样的质量（g）；

　　　m_1——压碎试验后筛余的试样质量（g）。

评定：以 3 次试验结果的算术平均值作为压碎指标测定值。

2.5.10　砂、石结论评定

根据试验规则判定，每验收批砂、石至少应进行颗粒级配、含泥量、泥块含量的检验。对于碎石或卵石还应检验针、片状颗粒含量。对于海砂还应检验贝壳含量。对于人工砂或混合砂还应检验石粉含量。若满足要求则判为合格品。原始记录的填写见附录 B 和附录 C。

课题 6　混凝土外加剂

2.6.1　混凝土外加剂的定义

混凝土外加剂是指在混凝土拌和过程中掺入的用以改善混凝土性能的物质。混凝土中掺入适量的外加剂，可以改善混凝土的性能，提高施工速度和工程质量，节省材料和保护环境，具有显著的经济效益和社会效益。除特殊情况外，掺量一般不超过水泥用量的 5%。外加剂的使用是混凝土技术的重大突破，不少国家使用掺外加剂的混凝土已占混凝土总量的 60%～90%。

2.6.2　混凝土外加剂的种类

混凝土外加剂按其功能主要分为以下五类：

1）改善新拌混凝土流动性的外加剂，如普通减水剂、高效减水剂、早强减水剂、缓凝减水剂、引气减水剂和泵送减水剂等。

2）调节混凝土凝结时间和硬化性能的外加剂，如速凝剂、缓凝剂和早强剂等。

3）改善混凝土耐久性的外加剂，如抗冻剂、防水剂等。

4）调节混凝土含气量的外加剂，如引气剂和消泡剂。

5）提高混凝土特殊性能的外加剂，如膨胀剂、养护剂、防锈剂等。

2.6.3　混凝土外加剂的发展

随着建筑工程向高层化，大荷载、大跨度、大体积，以及快速、经济、节能的方向发展，新型高性能混凝土被大量采用。在混凝土材料向高新技术领域发展的同时，也促进了混凝土外加剂向高效、多功能和复合化的方向发展。因此，如何提高混凝土外加剂的减水率，以便在保持工作度情况下最大限度地减少拌和用水，如何更好地提高混凝土的密实性，减少收缩，提高抗冻融性能，使混凝土的物理力学性能进一步地提高等，是混凝土外加剂行业面临的新课题。

2.6.4　常用外加剂

1. 减水剂

减水剂又称分散剂或塑化剂，是预拌混凝土中应用量最大的，且必不可少的外加剂。它的吸附分散作用、湿滑作用和润湿作用，可使使用后工作性能相同的新拌混凝土的用水量明显减少，从而使混凝土的强度、耐久性等一系列性能得到明显的改善。

减水剂按其减水效果可分为普通减水剂和高效减水剂。减水剂在应用中按工程需要可与其他外加剂复合配制成早强型、普通型、缓凝型以及引气型减水剂。

减水剂按其主要化学成分可分为木质素磺酸盐及其衍生物类；多环芳香族磺酸盐类；水溶性树脂磺酸盐类；脂肪族磺酸盐类；高级多元醇类；羟基羧酸盐类；多元醇复合体类；聚氧乙烯醚及其衍生物类等。

（1）木质素磺酸盐减水剂　木质素磺酸盐减水剂是世界上开发应用最早的减水剂，其价格低廉，来源丰富，属普通减水剂。木质素磺酸盐减水剂是造纸工业的废料，经石灰乳中和、生物发酵除糖后，喷雾干燥而成的棕色粉末。由于造纸原料不同，其性能也有很大不同。

木质素磺酸盐减水剂可分为木钙、木钠、木镁三种。

（2）萘系高效减水剂　萘系减水剂属高效减水剂，主要由工业萘和甲醛缩聚而成。该系列外加剂在国内的主要产品有 NF、UNF、FDN、SN-Ⅱ、AE 等高效减水剂。当混凝土中掺入占胶结料用量 0.5%～1% 的萘系高效减水剂，并保持胶结料用量和坍落度不变时，减水率可达 15%～25%。1d 和 3d 混凝土抗压强度可提高 60%～90%，28d 强度提高 20%～50%。

（3）聚羧酸盐高效减水剂　聚羧酸盐高效减水剂是近十年新开发的高性能混凝土用超塑化剂。但由于目前价格较高，一般只在高强、高性能混凝土中采用，但它是未来高效减水剂的发展方向。

（4）水溶性树脂类减水剂　其主要产品为磺化三聚氰胺甲醛树脂减水剂，是浅黄色透明液体，含固量为 22%～30%，pH 值为 8～9。近几年来，我国一些单位创造了六步合成法，使这类减水剂的性能得到了很大改善，其特点如下：

1）减水率高。折固量为 0.48% 时减水率达 30%，不缓凝，增强作用显著。

2）引气作用小。掺量大时不会造成混凝土强度下降。

3）分散性可长时间保持，混凝土保塑性好。

4）对胶凝材料品种的适应性强，与其他外加剂的相溶性好。

5）硫酸钠含量低，在 -10℃ 环境下储存无结晶现象，而且用其配制的混凝土在负温下强度发展很快，适用于混凝土冬期施工。

6）生产过程无三废排放，是一种绿色环保产品。

（5）氨基磺酸盐高效减水剂　氨基磺酸盐高效减水剂是以氨基苯磺酸钠、苯酚、甲醛等为原料，水为介质，在加热条件下缩合反应生成的产物。其具有以下特点：

1）减水率高。折固量为 0.5%～0.75% 时，减水率达 20%～30%。其对掺量非常敏感，超量使用时，不仅减水率没有明显提高，而且混凝土会出现泌水、离析、缓凝等现象。最佳掺量要通过试验确定。

2）掺氨基磺酸盐高效减水剂的混凝土流动性好于掺萘系混凝土，且坍落度经时损失小，1h 几乎没有损失，2h 降幅也不大。

3）可与萘系等高效减水剂复合使用，而且复配后可明显改善混凝土的泌水、扒底等现象。又可以同时解决环境温度低时萘系等高效减水剂中硫酸钠结晶堵管的问题。

4）对水泥及各种矿物掺合料的适应性好于萘系，尤其对低碱水泥适应性更好。但对木质素磺酸盐系相溶性差。

5）含气量低，消泡，其与引气剂复配性能差，因而在高寒地区应用受到限制。

6）掺氨基磺酸盐高效减水剂的混凝土耐久性（抗渗性、抗冻性）好于萘系等高效减水剂混凝土。

（6）脂肪族高效减水剂　其生产原料主要为丙酮、甲醛、无水亚硫酸钠和纯碱，产品为棕褐色溶液。其生产工艺简单，周期短，无三废排放，生产和使用过程对环境无污染。

该产品与水泥适应性良好，分散力强，掺量为 0.5% ~ 1.2% 时，减水率为 15% ~ 30%，混凝土早期强度提高 40% ~ 150%，28d 强度提高 20% ~ 50%。在不同减水剂掺量的情况下，可配制高强度、大流动性混凝土，也可与萘系高效减水剂复合使用，而且两者复配使用时混凝土坍落度损失和泌水性将降低，抗冻性也较好。

使用该减水剂的混凝土拌合物与使用萘系减水剂拌制的混凝土拌合物相比，颜色有些发黄，但约 7d 以后，混凝土颜色趋于正常，如将其与萘系减水剂复合使用，可解决混凝土表面颜色发红的现象。

该产品价格也较萘系减水剂低 30%，使用其可降低混凝土生产成本，也是一种具有推广前景的高效减水剂。

（7）蜜胺类高效减水剂　蜜胺类高效减水剂掺量为 1.5% ~ 2.5% 时，减水率为 12% ~ 18%，引气为 1.7%。掺蜜胺类高效减水剂的混凝土有以下特点：

1）混凝土坍落度经时损失大，尤其采用早强型水泥时，损失就更大。

2）对含煤矸石、沸石粉等掺合料的水泥，需加大掺量。

3）超掺量时混凝土会严重泌水。

4）可与萘系高效减水剂复配使用。

5）对硫铝酸盐水泥、铝酸盐水泥适应性好于萘系减水剂。还可用于耐火混凝土，其硬化表面光洁，气泡少。

2. 早强剂

（1）定义　早强剂是一种能提高混凝土早期强度而对其后期强度无显著影响的外加剂，其主要作用是增加水泥和水的反应初速度，缩短水泥的凝结、硬化时间，促进混凝土早期强度的增长。

（2）早强剂的种类　早强剂可分为无机和有机两大类，无机早强剂主要是一些盐类，如氯化钠、亚硝酸钠等；有机早强剂常用的有三乙醇胺、甲醇、尿素等。

1）氯化钠。氯化钠即食盐，是一种廉价早强剂，且兼有防冻剂的功能，其会加速钢筋锈蚀，只能用于素混凝土中。

2）硫酸钠。无水硫酸钠又称元明粉，白色粉末，易溶于水，其溶解度随温度升高而提高。芒硝为带有 10 个结晶水的硫酸钠，因此 Na_2SO_4 的有效含量仅占 44.1%。当掺入外加剂时，掺量以无水硫酸钠为准。

硫酸钠有以下几点特点：

①其对矿渣硅酸盐水泥和火山灰硅酸盐水泥的早强作用比普通硅酸盐水泥明显；对早期

强度低的水泥较强度高的水泥早强效果好；对早强型硅酸盐水泥基本无早强效果。

②硫酸钠作为外加剂使用时，存在一些潜在的危险。硫酸钠与氢氧化钙反应生成氢氧化钠，使混凝土中含碱量增加，增加了混凝土发生碱-骨料反应的可能性，对有含碱量要求的混凝土，应控制早强剂的掺量（每 $1kgNa_2SO_4$ 含碱 $0.436kg$）。硫酸钠溶液与水化铝酸钙反应生成硫铝酸钙，会使混凝土膨胀破坏或强度降低。因此，在水中或处于潮湿环境的混凝土，不宜使用硫酸钠作早强剂。

3）三乙醇胺。有机胺类早强剂主要有三乙醇胺、三异丙醇胺等，其中早强效果以三乙醇胺为佳。三乙醇胺不改变水泥水化生成物，但能加速水化速度，在水泥水化过程中起催化作用。三乙醇胺为无色或淡黄色油状液体，呈碱性，能溶于水，无毒、不燃。三乙醇胺掺量极少，掺量为水泥质量的 0.02%~0.05%，能使混凝土早期强度得到提高。

三乙醇胺对混凝土稍有缓凝作用，掺量过多会造成混凝土严重缓凝和混凝土后期强度下降。掺量越大，强度下降越多，故应严格控制掺量。三乙醇胺单独使用时，早强效果不明显，与其他外加剂（如氯化钠、氯化钙、硫酸钠等）复配使用，效果更加显著，故一般复配使用。

3. 缓凝剂

（1）定义　缓凝剂是指能延缓混凝土凝结时间，并对混凝土后期强度发展无不利影响的外加剂。缓凝剂被吸附在未水化水泥颗粒表面上，防止了水分子靠近，阻碍了水化反应。缓凝剂常用于大体积混凝土工程，以降低混凝土中心温度，避免开裂。

（2）缓凝剂的种类

1）糖类缓凝剂。

①糖蜜。糖蜜是以制糖工业提炼食糖后剩下的残液为原料，经石灰中和配制的产品，又称糖钙减水剂，减水率为8%。正常掺量时，可缓凝 2~4h。糖钙对混凝土的各种物理力学性能均有不同程度的改善和提高，是一种价格低廉，但综合指标较好的缓凝剂之一。

②葡萄糖、蔗糖。葡萄糖和蔗糖是一种常用的缓凝剂，两种缓凝剂的缓凝时间见表 2-26。蔗糖掺量超过 0.5% 时，混凝土强度损失严重。在相同掺量下，蔗糖的缓凝作用较大。此外，蔗糖超过 4% 时，有促凝作用，使用时要严格控制掺量。

表 2-26　葡萄糖、蔗糖对混凝土凝结时间的影响

缓凝剂	掺量（%）	初凝时间/h	终凝时间/h
不掺	0	3.2	5.3
蔗糖	0.1	14	24
	0.25	144	360
葡萄糖	0.06	4.3	7.5

③麦芽糊精。其属于多糖类混凝土缓凝剂，外观为白色粉末，掺量一般为胶结料用量的 0.08%，同时也可作食品添加剂。多糖类糊精对抑制 C_3A 水化效果较明显，由于黏性较大，掺量大时会引起拌合物坍落度短时内减小，但不泌水。由于价格较低廉，也是一种常用的缓凝剂。

2）柠檬酸。柠檬酸是一种羟基多元醇，是无色、有酸味的结晶或白色粉末，易溶于水，呈弱酸，水溶液易发霉变质，不宜长期存放。其掺量甚少，仅是胶结料用量的 0.01%

~0.1%，可缓凝 2~9h，缓凝作用显著，易引起混凝土泌水，尤其会使大水灰比、低水泥用量的贫混凝土[○]产生离析。掺量为 0.05% 时，混凝土 28d 强度有提高，但继续增大掺量会影响混凝土强度。加入柠檬酸能改善混凝土的抗冻性能，使用时要严格控制掺量。

3）木钙、木钠。二者均有 10%~12% 的还原糖，因而具有缓凝作用。

4）磷酸盐。

①磷酸钠：磷酸钠（Na_3PO_4）为无色或白色结晶粉末，呈强碱性。通常情况下掺胶结料用量的 0.5%~1.0%，能显著增加混凝土拌合物的塑性，同时因掺入磷酸钠后混凝土的孔结构有所改善，因此混凝土抗压强度可提高 12%~15%，抗渗标号也成倍提高。

②聚磷酸钠：其主要成分为三聚磷酸钠，但往往会有少量聚偏磷酸钠，为白色粉末或粒状固体，吸湿性强，可溶于水，掺量一般为胶结料用量的 0.06%~0.1%。

③焦磷酸钠：焦磷酸钠（$Na_4P_2O_7$）是对水泥水化热延缓作用很强的磷酸盐，外观为白色粉末。主要作用是使水泥中 C_3S 缓凝，掺量一般为胶结料用量的 0.08%。

5）葡萄糖酸钠。葡萄糖酸钠为白色或淡黄色结晶形粉末，易溶于水，缓凝性很强，主要抑制 C_3A 的水化，对碱含量高的水泥缓凝效果好。通常条件下能使混凝土拌合物保塑 1~2h，且耐温效应比较显著。

4. 引气剂

（1）定义　引气剂是一种在混凝土搅拌过程中能引入大量分布均匀、稳定、封闭的微小气泡的外加剂。混凝土中引入这些微小且封闭的气泡，不仅存在于搅拌、运输、泵送和浇捣过程中，而且在混凝土硬化后仍能保留。因此，引气剂的优点有：提高了混凝土的耐久性，即提高了混凝土的抗冻性和除冰盐对混凝土路面的剥蚀性；提高了抵抗交变膨胀和收缩引起裂纹的性能；改善了混凝土的工作性能。

（2）引气剂的种类

1）脂肪醇磺酸盐类。包括脂肪醇聚氧乙烯醚、脂肪醇聚氧乙烯磺酸钠、脂肪醇硫酸钠。水溶性强且泡沫力和泡沫稳定性较好。若掺量为 0.005%~0.02%，含气量为 2%~5%。减水率为 7%，可使混凝土强度降 15%。

2）松香树脂类。松香酸钠引气剂为黑褐色黏稠体，掺量为 0.005%~0.001% 时，减水率约 10%。改性松香酸盐为粉状物，溶解性和引气性都较好。其掺量为胶结料用量的 0.4%~0.8%，减水率为 10%~15%，含气量为 3.5%~6.0%。

3）皂甙类。从多年乔木皂角树果实中提取的天然原料产品。主要成分是三萜皂甙，是浅棕色粉末，有刺鼻气味，易溶于水。其特点是起泡性强，泡沫壁较厚且富有弹性，泡沫细腻且稳定性好。

（3）引气剂对混凝土的影响

1）提高混凝土的抗冻性。

2）提高混凝土的抗渗性和耐久性。

3）降低混凝土强度。一般每增加 1% 含气量，混凝土抗压强度下降 3%~5%，但对混凝土抗折强度的影响相对要小得多。

4）混凝土弹性模量有所下降将会加大预应力损失，因此，在预应力结构中不宜采用。

○　是指水泥用量较普通混凝土低的混凝土。

5）降低混凝土对钢筋的握裹力，当含气量增加 1% 时，垂直方向钢筋的握裹力降低 10% ~15%，水平方向也有所降低。

5. 防冻剂

（1）定义　防冻剂是能使混凝土在负温下硬化，并在规定养护条件下达到预期防冻强度的外加剂。常用的防冻剂为复合型，由防冻、早强、减水、引气等多组分组成，各尽其能达到预期的抗冻性能。

不同类别防冻剂的性能是具有差异的，合理选用十分重要。氯盐类防冻剂适用于无筋混凝土；氯盐阻锈类防冻剂可用于钢筋混凝土；无氯盐类防冻剂可用于钢筋混凝土和预应力钢筋混凝土。硝酸盐、亚硝酸盐、碳酸盐易引起钢筋的应力腐蚀，故此类防冻剂不适用于预应力混凝土以及与镀锌钢材相接触部位的钢筋混凝土结构。另外，含有六价铬盐、亚硝酸盐等有毒成分的防冻剂，严禁用于饮水工程及与仪器接触的部位。

（2）防冻组分

1）硝酸钙。硝酸钙无色透明且无毒，在水中速溶，极易吸湿潮解，防冻效果好，可提高混凝土孔结构的密实性。但其在负温下强度增长极慢，有效降低冻点时掺量较大。

2）硫代硫酸钠。硫代硫酸钠又称海波、大苏打，为无色透明略带黄色的晶体，溶于水，对水泥有塑化作用，不腐蚀钢筋，且能使混凝土早强。一般掺量为水泥质量的 0.5% ~1.5%，掺量过大时，混凝土后期强度降低。

3）尿素。尿素易溶于水、易吸湿，为无色晶体，对混凝土有塑化和缓凝作用。单掺尿素的混凝土在正温条件下，强度增长稍高于基准混凝土的 5%，但在负温下可高出 4~6 倍。掺尿素的混凝土在自然干燥过程中表面会出现析盐（表面有白色粉状物）现象，影响建筑物美观，因此掺量不能超过水泥用量的 4%。此外，其在封闭环境下会散发出刺鼻臭味，影响人体健康。

4）甲醇。甲醇是易燃、易挥发的无色刺激性液体，在水中溶解度很高，掺入混凝土中不缓凝，在负温下强度增长很慢，转入正温后强度增长较快。但甲醇易燃、易挥发，掺入后混凝土坍落度经时损失大，因此必须严格控制混凝土坍落度。

5）亚硝酸钠。亚硝酸钠是较为广泛采用的一种防冻组分，可在混凝土硬化温度不低于 -16℃时使用。易溶于水，在空气中潮解，与有机物接触易燃易爆，有毒，有阻锈作用。

6）亚硝酸钙。亚硝酸钙是一种无色、透明或略带黄色的人工矿物，常温下易吸湿潮解。其防冻增强效果在掺量为 4% 以下时较亚硝酸钠好，但掺入混凝土中和易性较差，且对钢筋有阻锈作用。其在负温下强度增长极慢，混凝土几乎处于休眠状态。

外加剂的主要功能及适用范围见表 2-27。

表 2-27　外加剂的主要功能及适用范围

外加剂类型	主　要　功　能	适　用　范　围
普通减水剂	1. 在混凝土和易性及强度不变的条件下，可节省水泥 5% ~10% 2. 在保证混凝土工作性及水泥用量不变的条件下，可减少用水量 10% 左右，混凝土强度提高 10% 左右 3. 在保持混凝土用水量及水泥用量不变的条件下，可增大混凝土的流动性	1. 用于日最低气温 5℃以上的混凝土施工 2. 用于各种预制及现浇混凝土、钢筋混凝土及预应力混凝土 3. 用于大模板施工、滑模施工、大体积混凝土、泵送混凝土及商品混凝土

（续）

外加剂类型	主　要　功　能	适　用　范　围
高效减水剂	1. 在保证混凝土工作性及水泥用量不变的条件下，减少用水量15%左右，混凝土强度提高20%左右 2. 在保持混凝土用水量及水泥用量不变的条件下，可大幅度提高混凝土拌合物的流动性 3. 可节省水泥10%～20%	1. 用于日最低气温0℃以上的混凝土施工 2. 用于高强混凝土、高流动性混凝土、早强混凝土、蒸养混凝土
引气剂及引气减水剂	1. 提高混凝土的耐久性和抗渗性 2. 提高混凝土的拌合物和易性，减少混凝土的泌水离析 3. 引气减水剂还有减水剂的功能	1. 用于有抗冻融要求的混凝土，防水混凝土 2. 用于抗盐类结晶破坏及耐碱混凝土 3. 用于泵送混凝土、流态混凝土、普通混凝土 4. 用于轻集料混凝土
早强剂及早强高效减水剂	1. 提高混凝土的早期强度 2. 缩短混凝土的蒸养时间 3. 早强减水剂还具有减水剂的功能	1. 用于日最低温度－5℃以上及有早强或防冻要求的混凝土 2. 用于常温或低温下有早强要求的混凝土、蒸养混凝土
缓凝剂及缓凝高效减水剂	1. 延缓混凝土的凝结时间 2. 降低水泥初期水化热 3. 缓凝减水剂还具有减水剂的功能	1. 用于大体积混凝土 2. 用于夏季和炎热地区的混凝土施工 3. 用于有缓凝要求的混凝土，如商品混凝土、泵送混凝土以及滑模施工 4. 用于日最低气温5℃以上的混凝土施工
防冻剂	能在一定的负温条件下浇筑混凝土而不受冻害，并达到预期强度	用于负温条件下的混凝土施工
膨胀剂	使混凝土体积在水化、硬化过程中产生一定膨胀，减少混凝土干缩裂缝，提高抗裂性和抗渗性能	1. 用于防水屋面、地下防水、基础后浇缝、防水堵漏等 2. 用于设备底座灌浆、地脚螺栓固定等
速凝剂	能使砂浆或混凝土在1～5min内初凝，2～10min内终凝	用于喷射混凝土、喷射砂浆、临时性堵漏用砂浆及混凝土
防水剂	混凝土的抗渗性能显著提高	用于地下防水、贮水构筑物、防潮工程等

课题 7　混凝土掺合料概述

　　矿物掺合料是指在混凝土拌合物中，为了节约水泥和改善混凝土性能而加入的矿物粉体材料，以硅、铝、钙等其中一种或多种氧化物为主要成分，也称为矿物外加剂。常用的矿物掺合料有：粉煤灰、粒化高炉矿渣粉、硅灰、沸石粉等。其中粉煤灰应用最普遍。

2.7.1　粉煤灰

　　粉煤灰是燃煤电厂排出的烟道飞灰，它是一种是有活性的火山灰材料。

1. 粉煤灰的化学成分和矿物组成

粉煤灰的化学组成决定于其煤源，我国大多数现代发电厂粉煤灰的化学组成见表2-28。

表 2-28 我国大部分粉煤灰的化学组成

组分	SiO$_2$	Al$_2$O$_3$	Fe$_2$O$_3$	CaO	MgO	R$_2$O	SO$_2$	烧失量
含量（%）	34~55	16~34	1.5~19	1~10	0.7~2.0	1~2.5	0~2.5	1~15

粉煤灰按其中 CaO 含量的不同，分为普通粉煤灰和高钙粉煤灰，后者 CaO 含量高于 10%。掺高钙粉煤灰拌制的混凝土早期强度较同掺量普通粉煤灰拌制的混凝土高得多，但高钙灰中存在较多的游离 CaO，可能引起体积安定性不良，造成混凝土膨胀开裂。

2. 粉煤灰的火山灰效应、填充效应和形态效应

（1）火山灰效应 粉煤灰中含有丰富的 SiO$_2$、Al$_2$O$_3$ 等矿物成分，其掺入混凝土中与水泥水化放出的 Ca(OH)$_2$ 发生二次水化反应，生成对强度有贡献的水化硅酸钙、铝酸钙，即为"火山灰效应"。粉煤灰在粉煤灰水泥浆体中的反应程度是很低的。

（2）填充效应 粉煤灰水泥浆体早期孔隙率较大，强度也较低。但随龄期增长，粉煤灰水泥浆体的内部粗孔逐渐被粉煤灰和 Ca(OH)$_2$ 反应生成的凝胶所填充，细化了粉煤灰水泥浆体的内部孔隙，即为"填充效应"。粉煤灰填充到混凝土结构中的毛细管及孔隙裂缝中，改善了孔结构，提高了水泥石的密实度，使水泥化晶体与骨料紧密结合，提高混凝土的抗渗性。因此，掺有 30% 的粉煤灰水泥浆体后期 360d 强度几乎与同期纯水泥浆相同，能消除或减轻高强度等级水泥后期强度倒缩现象。

（3）形态效应 粉煤灰是一种很微小的玻璃体，这种玻璃体常见的形态有球状和表面多孔状。前者如同玻璃球一般，在水泥浆或混凝土中起到了滚珠轴承的作用，使达到同样流动性的水泥浆需水量减小，称为"形态效应"；后者则呈海绵状或蜂窝状，还有一些不规则的碎屑，会增加外加剂用量和搅拌用水量。

3. 粉煤灰混凝土的性能和应用

粉煤灰混凝土 3d、7d 早期强度均低于普通混凝土，后期强度则高于普通混凝土，收缩值小于或等于普通混凝土。但劣质粉煤灰由于多孔和碳粒的吸附性大，有可能加大混凝土收缩值。

粉煤灰混凝土由于后期内部孔的细化，其抗渗性优于普通混凝土，耐硫酸盐侵蚀能力也优于普通混凝土。据资料介绍，掺 30% 粉煤灰的混凝土后期抗硫酸盐性能相当于抗硫酸盐水泥。试验证明，粉煤灰混凝土的保护钢筋锈蚀性能也优于普通混凝土。

2.7.2 磨细矿渣粉

1. 矿渣的基本性能

磨细矿粉是指粒化高炉矿渣经干燥、磨细达到相当细度且符合相应活性指数的粉状材料。主要成分是 SiO$_2$、Al$_2$O$_3$、CaO、MgO，这 4 个成分的质量分数占全部氧化物的 95% 以上，其化学成分与水泥很相似。矿渣排出时急冷，形成松软的玻璃质颗粒状物质，其结构不稳定，故储有较高的潜在化学能。

矿渣粉与水混合后，可生成与硅酸盐水泥水化产物类似的凝胶状物质，但水化速度较为迟缓，为了加速其水化可加入激发剂（一种高分子活性材料，对高效减水剂的分子链式反应有激活作用）。

2. 矿渣粉对混凝土性能的影响

（1）新拌混凝土　混凝土掺入矿渣粉后，和易性和浇筑性能有所改善。泌水量和泌水速度受矿渣粉比表面积和单位体积用水量之比的影响。矿渣粉细时，泌水减少；反之，矿渣粗粉掺入混凝土中，泌水量和泌水速度可能增加。矿渣粉掺入混凝土中，混凝土凝结时间会延长。

（2）硬化混凝土　矿渣粉对混凝土强度的影响大小，取决于其活性指数和掺量。掺矿渣粉的混凝土较用硅酸盐水泥拌制的混凝土早期强度低，但后期强度有较大增长。矿渣粉掺入混凝土中会略增大混凝土收缩，矿渣越细，置换率越高，其干缩也会增大。矿渣粉掺入混凝土中，其抗冻性、弹性模量与普通混凝土无明显区别，但由于矿渣粉有良好的微集料效应，混凝土结构会更为致密。因此，抗渗性、抗硫酸盐腐蚀性和抗钢锈能力有很大改善。

3. 矿渣粉的应用

矿渣粉与粉煤灰一样，掺入混凝土中可降低混凝土水化热。因此，在混凝土中粉煤灰和矿渣粉可同时掺入，实现二者优势的互补，并能很好地控制大体积混凝土中心温度。目前粉煤灰和矿渣粉双掺技术已广泛用于预拌混凝土中，并取得了良好的技术经济效益。

2.7.3 沸石粉

沸石是一种天然矿产资源，在我国河北、浙江、黑龙江以及辽宁锦州地区都有着丰富的矿床。沸石经磨细后，可掺入混凝土、高性能混凝土以及砂浆中，特别是超细沸石粉配制高性能混凝土，已经越来越受到国内外的重视。

沸石是具有架状构造的含水铝酸盐矿物，主要含有 Na^+、Ca^{2+}、K^+ 等金属离子和少量的 Sr^{2+}、Ba^{2+}、Mg^{2+} 等离子。其活性主要通过 30d 饱和石灰吸收值（mg/g）来测量，吸收值高，则活性高。此外，沸石粉细度越大，活性也越高。

沸石粉可作水泥的活性掺合料，它的掺入还可有效地解决立窑水泥体积安定性不良的问题。沸石粉可取代混凝土中的部分水泥，提高混凝土的保水性，但会增大混凝土的用水量。在配制轻集料混凝土时，由于沸石粉的掺入会提高水泥浆的结构黏度，可使轻集料在振动成型中的上浮问题大大改善。沸石混凝土适用于水下混凝土和地下潮湿环境养护的混凝土，不适用于蒸汽养护。另外，沸石混凝土抗冻性和抗渗性良好。

2.7.4 硅灰

1. 定义

硅灰是铁合金厂在生产金属硅或硅铁时，从烟尘中搜集到的飞尘。其中含有 50% ~ 90% 的 SiO_2，而这种 SiO_2 是非晶质的无定形结构，由于其化学不稳定性，所以是一种高活性的火山灰质材料。硅灰根据其硅含量分为 90%、75%、50% 三个等级。

硅灰粒径极小，平均粒径仅为水泥平均粒径的 1%，这使它具有较大的表面能，表观密度为 $2200kg/m^3$，而堆积密度仅 $160 \sim 320kg/m^3$。

2. 硅灰对混凝土拌合物性能的影响

（1）用水量　由于硅灰的比表面积特别大，其需水量也相应增大。因此，在用水量不变的情况下，随着硅灰掺量增大，混凝土坍落度明显减小。

（2）流变性能　硅灰掺入能改变混凝土的均匀性，提高混凝土的内聚力。

（3）水化放热与凝结速度　硅灰掺入后，混凝土水化放热速度、放热量和凝结速度都高于普通混凝土。

（4）坍落度损失　硅灰掺入，会加大混凝土的坍落度损失，其损失值基本与硅灰掺入量成正比。

3. 硅灰对硬化混凝土性能的影响

1）掺硅灰混凝土的抗压、抗拉、抗折强度均有不同程度的提高。硅灰掺入相应增加了减水剂用量，因此，其早期收缩偏大，后期趋于正常。

2）硅灰掺入，混凝土的抗冻性能有改善。同时，由于混凝土密实，抗渗性也必然提高，抗碳化性能也有所提高。

单 元 小 结

1）建筑材料的检测是指根据国家标准的要求，采用规定的测试仪器和测试方法，对建筑材料的性能进行检测的过程。

2）本单元主要介绍水泥的有关标准、主要技术性能指标、取样方法、六大水泥试验结果判定规则、在检测过程中有关数据的处理方法以及常用的检测项目（凝结时间，安定性，强度检验）等内容。其中水泥的有关标准、试验步骤和结果评定为主要内容，学生在学习和试验时必须熟练掌握这部分的内容。

3）简单介绍了集料的定义和优缺点。

4）主要讲解了集料的标准、质量要求及主要技术指标。

5）重点讲解了集料在建筑工程施工中取样数量、取样方法和有关重要指标的试验方法。

6）介绍了常用外加剂和掺合料的种类、作用、技术指标及使用等。

【复习思考题】

2-1　水泥细度筛析法可分为_____，_____和_____；当试验结果发生争议时，以_____为准。

2-2　水泥标准稠度用水量的测定方法分为_____和_____，当试验结果发生争议时，以_____为准。

2-3　固定用水量法的水泥用量为_____g；拌合用水量为固定值_____mL。

2-4　水泥体积安定性的检验方法可分为_____和_____两种方法。当两者的试验结果发生争议时，以_____为准。

2-5　试饼法检验水泥体积安定性时，所用试件的直径为_____，中心厚度约为_____，边缘渐薄，表面光滑的薄饼。试件经沸煮后，若目测试件未发现裂缝，用直尺检查也没有裂缝的试饼为体积安定性合格，反之为不合格。当两个试饼的判断结果有矛盾时，该水泥也判为_____。

2-6　制作水泥胶砂试件时，所用水泥与标准砂的质量比为_____，每成型三条试件需称量水泥_____，标准砂_____。

2-7　水泥试验对成型室温湿度是如何规定的？

2-8　水泥试验结果评定规则是如何规定的？

2-9 如何测定水泥的凝结时间？

2-10 水泥安定性试饼法检验的操作细节有哪些？

2-11 对抗折强度和抗压强度试验结果是如何规定的？

2-12 什么叫砂子？按细度模数如何划分？

2-13 什么叫碎石和卵石？

2-14 论述砂、石的取样规则、取样数量和取样方法。

2-15 试填写一张完整的砂或石子的试验委托单。

2-16 混凝土外加剂常用的有哪几种？各种外加剂分别起什么作用？

2-17 为什么掺引气剂可提高混凝土的抗渗性和抗冻性？

2-18 减水剂的种类有哪些？混凝土中加入减水剂对混凝土和易性与强度有哪些影响？

2-19 如何选择混凝土缓凝剂？缓凝剂超量会引起混凝土哪些不良反应？

2-20 混凝土掺合料的种类有哪些？掺入混凝土中有何作用？

2-21 按 GB/T 17671—1999《水泥胶砂强度检验方法（ISO 法）》，有一组矿渣 42.5 水泥 28d 强度结果如下：

抗折试验破坏荷载分别为：

2.60kN、2.70kN、3.10kN

抗压试验破坏荷载分别为：

68.1kN、71.2kN、72.2kN

72.8kN、73.9kN、81.7kN

计算该水泥 28d 抗折和抗压强度。

2-22 砂子筛分析试验，称取试样 500g，筛分析试验结果见表 2-29。

表 2-29 砂子筛分试验结果

筛子尺寸/mm	分 计 筛 余		累计筛余（％）
	筛余量/g	分计筛余（％）	
5.00	31		
2.50	55		
1.25	69		
0.630	116		
0.315	214		
0.160	11		
0.160 以下	4		

试计算该砂的分计筛余百分数、累计筛余百分数。假定另一组平行试验结果与本次试验相同，试计算该砂的细度模数，并判定是粗砂、中砂还是细砂。（分计筛余、累计筛余可直接填在表格中，细度模数要写出计算公式并计算）

单元 3　混凝土的配制及性能检测

【单元概述】

本单元简要介绍了混凝土的概念、用途、特点及分类，重点强调了混凝土的配合比设计及调整，混凝土拌合物的性能检测方法及评定，普通混凝土力学性能的检测方法及评定。

【学习目标】

了解混凝土的基本概念和基本种类；掌握混凝土的力学性能和施工性能；掌握混凝土性能的检测试验方法；具备独立操作混凝土试验检测的基本能力；具备理论配合比和实验室配合比设计、调整的能力；具备评价混凝土性能的能力。

课题 1　普通混凝土性能概述

3.1.1　混凝土的概念

混凝土是指由胶凝材料、粗细集料（或称骨料）以及水、外加剂和矿物掺和料按适当比例配合、拌制成混合物，经一定成型工艺，再经硬化而成的人造石材，又名"砼（tóng）"。胶凝材料是指混凝土中水泥和矿物掺合料的总称。胶凝材料用量是混凝土中水泥用量和矿物掺合料用量之和。水胶比是指混凝土中用水量与胶凝材料用量的质量比（代替水灰比）。矿物掺合料掺量是指矿物掺合料用量占胶凝材料用量的质量百分比。外加剂掺量是指外加剂用量相对于胶凝材料用量的质量百分比。

3.1.2　混凝土的特点

混凝土是目前世界上用量最大的人工建筑材料，是现代最重要的建筑材料之一。混凝土具有优越的技术性能及良好的经济效益，其主要特点有：

1）原材料丰富，易于就地取材；能源消耗较少，成本较低。

2）配制灵活，适应性好。改变混凝土组成材料的品种及比例，可以调整其性能，从而满足不同工程要求。

3）良好的可塑性。可以现浇或预制成任何形状及尺寸的整体结构或构件。

4）抗压强度高。硬化后的混凝土抗压强度一般为 20～40MPa，有的也可高达 80～100MPa，适于做建筑结构材料。

5）混凝土与钢筋有牢固的粘结力，且其与钢筋的线膨胀系数基本相同，二者复合成钢筋混凝土后，能够共同工作，以弥补混凝土抗拉及抗折强度低的缺点，使混凝土能适用于各种工程结构。

6）良好的耐久性。按合理的方法配制的混凝土，具有良好的抗冻性、抗风化及耐腐蚀的性能，比木材、钢材等材料更耐久，维护费用低。

7）耐火性好。普通混凝土的耐火性远比木材、钢材和塑料好，可耐数小时的高温作用而仍保持其力学性能,有利于火灾发生时扑救。

8) 表面可做成各种花饰,具有一定的装饰效果。

9) 对环境保护有利。混凝土可以充分利用大量工业废料如矿渣、粉煤灰等,减轻了环境污染。

混凝土的不足之处主要为:自重大,比强度小,抗拉强度低,易开裂,属于脆性材料,导热系数大,硬化较慢,生产周期长。同时,混凝土在配制及施工过程中,影响其质量的因素较多,需要进行严格的控制。但随着现代混凝土科学技术的发展,混凝土的不足之处已经得到了很大的改进。例如,采用轻集料,可使混凝土的自重和导热系数显著降低;在混凝土中掺入纤维或聚合物,可大大降低混凝土的脆性;采用快硬水泥或掺入早强剂、减水剂等,可明显缩短其硬化周期。正是由于具有以上突出的特点,混凝土才能在现代建筑工程,如工业与民用建筑工程、给水与排水工程、水利与水电工程、地下工程、公路、铁路、桥梁以及国防工程中得到广泛应用。

3.1.3　混凝土的分类

建筑事业的迅速发展推动了混凝土品种、性能、施工方法的不断创新,混凝土的品种主要分为以下几类:

(1) 按照所用胶结料分　混凝土可分为水泥混凝土、石膏混凝土、水玻璃混凝土、沥青混凝土、树脂混凝土、聚合物水泥混凝土、聚合物浸渍混凝土等。

(2) 按照用途分　混凝土可分为普通混凝土、道路混凝土、防水混凝土、耐热混凝土、耐酸混凝土、防辐射混凝土、膨胀混凝土、装饰混凝土、大体积混凝土等。

(3) 按照生产与施工方法分　混凝土可分为预拌混凝土(商品混凝土)、泵送混凝土、喷射混凝土、压力砂浆混凝土(预填集料混凝土)、预应力混凝土、挤压混凝土、离心混凝土、真空吸水混凝土、碾压混凝土、热拌混凝土等。

(4) 按照体积密度分(这是一种最基本的分类方法)

1) 普通混凝土。普通混凝土的体积密度在 $2000 \sim 2800 kg/m^3$ 之间,集料为密实的砂、石,是工程中应用最广的混凝土,其用于房屋及桥梁等的承重结构、道路路面,水工建筑的堤、坝等。

2) 重混凝土。重混凝土的体积密度大于 $2800 kg/m^3$,是用体积密度大的集料(如重晶石、铁矿石、钢屑等)配制的,其用于防射线或耐磨结构物中。

3) 轻混凝土。轻混凝土的体积密度小于 $2000 kg/m^3$,如轻集料混凝土、大孔混凝土、多孔混凝土等,其作为绝热、绝热兼承重或承重材料。

另外,混凝土还可按其 $1m^3$ 中的水泥用量(C)分为贫混凝土($C \leqslant 170kg$)和富混凝土($C \geqslant 230kg$);按其抗压强度又可分为低强混凝土($f_{cu} \leqslant 30MPa$)、高强混凝土($f_{cu} \geqslant 60MPa$)和超高强混凝土($f_{cu} \geqslant 100MPa$)等。

为了适应将来的建筑向高层、超高层、大跨度发展,以及人类要向地下和海洋开发,混凝土今后的发展方向是:快硬、高强、轻质、高耐久性、多功能、节能等。

3.1.4　普通混凝土的组成材料及其作用

目前,混凝土是土木工程中用量最大的建筑工程材料,其中应用最为普遍的是普通混凝土。本章讲述的主要内容就是普通混凝土。

1. 普通混凝土的定义

普通混凝土又称水泥混凝土，一般是指以水泥为主要胶凝材料，与水、砂、石子，必要时掺入化学外加剂和矿物掺合料，按适当比例配合，经过均匀搅拌、密实成型及养护硬化而形成的人造石材。

2. 普通混凝土组成材料的作用

在混凝土拌合物中，水泥和水形成水泥浆，填充砂子空隙并包裹砂粒，形成砂浆，砂浆又填充石子空隙并包裹石子颗粒。在硬化前的混凝土拌合物中，水泥浆在砂石颗粒之间起着润滑作用，使混凝土拌合物具有施工所要求的流动性。硬化后，水泥浆成为水泥石，将砂石集料牢固地胶结成为整体，使混凝土具有所需的强度、耐久性等性能。

普通混凝土，一般以砂子为细集料，石子为粗集料。砂、石一般不与水泥浆起化学反应，它们在混凝土中主要是起骨架作用，还可以降低水化热，大大减小了混凝土由于水泥浆硬化而产生的收缩，并起抑制裂缝扩展的作用。集料的掺入，可以大大节省水泥，降低造价。

在普通混凝土的组成中，集料一般占混凝土体积的70%～80%，水泥石占20%～30%，其中尚含有少量的空气。

除上述四种主要材料外，混凝土中还常掺入外加剂、掺合料，用以改善其某些性能。

3.1.5　绿色高性能混凝土介绍

绿色高性能混凝土是一种新型的高技术混凝土，是在大幅度提高混凝土性能的基础上，采用现代混凝土技术，选用优质原材料，在严格的质量管理条件下制成的。绿色高性能混凝土，除了水泥、水、集料以外，必须掺加足够数量的细掺料与高效外加剂。其使用的水泥必须为绿色水泥，砂石料的开采应以十分有序且不过分破坏环境为前提，大力推行以碎石破碎后的下脚料——石屑，代替天然砂的技术。

1. 绿色高性能混凝土的性能

高性能重点保证下列内容：高耐久性、工作性、各种力学性能、适用性、体积稳定性以及经济合理性。

1）优良的施工性。如高流动性、免振自密实性或者满足某种特定工程的施工性（如滑模摊铺路面混凝土、水下施工混凝土、快速注浆材料等）。

2）强度高。目的是尽量减少肥梁胖柱，但必须要同时考虑建筑的美学效果、结构挠度和功能等方面的要求，并不是每项工程都需要高强混凝土。

3）尽可能地提高耐久性，这一项不管是中低强度混凝土还是高强度混凝土都十分重要。

4）具有下列某些特殊功能，如超早强、低脆性、高耐磨性、吸声、自呼吸性等。

2. 绿色高性能混凝土的特点

1）最大限量地节约水泥用量，从而减少水泥生产中的"副产品"——CO_2、SO_2 等，避免导致"温室效应"和局部地区酸雨的形成等后果，以保护环境。

2）更多地掺加经加工处理的工业废渣，如磨细矿渣、优质粉煤灰、硅灰、稻壳灰等作为活性掺合料，以节约水泥，保护环境，并改善混凝土的耐久性。

3）应用工业废液，尤其是以造纸厂黑色纸浆废液为原料制造减水剂，以及在此基础上研制的其他复合外加剂。

4）发挥绿色高性能混凝土的优势，通过提高强度来减小结构截面积或结构体体积，减少混凝土用量，从而节约水泥和砂、石的用量；通过改善施工性来减小浇筑密实能耗，降低噪声；通过大幅度提高混凝土耐久性，延长结构物的使用寿命，从而进一步节约维修和重建费用，减少对资源无节制的开挖使用。

5）集中搅拌混凝土，并消除现场搅拌混凝土所产生的废料、粉尘和废水，即对从混凝土搅拌站排出的废水、废混凝土料进行循环使用。

6）对因拆除旧混凝土建筑物（构筑物）所产生的废弃混凝土进行循环利用，发展再生混凝土。

3.1.6 普通混凝土的主要技术性能

普通混凝土的主要技术性能包括和易性、强度、耐久性和变形四个方面，这里主要介绍前三项性能。

1. 混凝土拌合物的和易性

（1）和易性的概念 和易性是指混凝土拌合物在施工中能保持其成分均匀，不分层离析，无泌水现象的性能，是一项综合技术性能。它包括流动性、黏聚性和保水性三方面的内容。

1）流动性。流动性是指混凝土拌合物在本身自重或机械振捣作用下，能产生流动并均匀密实地填满模板的性能。流动性的大小，反映了混凝土拌合物的稀稠。混凝土过稠，流动性就差，难以振捣密实，造成混凝土内部出现孔隙；混凝土过稀，流动性就好，振捣后易分层离析，影响混凝土的质量。

2）黏聚性。黏聚性是指混凝土拌合物各组分间具有一定的黏聚力，在运输和浇筑过程中不发生分层离析，使混凝土保持整体均匀的性能。黏聚性差的混凝土拌合物，集料与水泥浆容易分离，硬化后会出现蜂窝、孔洞等现象。

3）保水性。保水性是指混凝土拌合物具有一定的保持水分的能力，在施工过程中不致发生严重的泌水现象。保水性差的混凝土拌合物，振实后，水分泌出、上浮，影响混凝土的密实性，同时降低混凝土的强度和耐久性。

混凝土拌合物的流动性、黏聚性和保水性，三者是相互联系又互相矛盾的，当流动性大时，黏聚性和保水性往往较差，反之亦然。不同的工程对混凝土拌合物和易性的要求也不同，应区别对待。

（2）和易性的测定 评定混凝土拌合物和易性的方法是测定其流动性，根据直观经验观察其黏聚性和保水性。混凝土拌合物根据其坍落度和维勃稠度分级，（见表3-1和表3-2）。坍落度适用于流动性较大的混凝土拌合物，维勃稠度适用于干硬的混凝土拌合物。

（3）流动性（坍落度）的选择 当构件截面尺寸较小、钢筋较密、采用人工插捣时，坍落度可选择大一些，反之可选择小一些。

2. 混凝土的强度

混凝土的强度有抗压、抗拉、抗剪等强度，其中抗压强度最大，抗拉强度最小。混凝土的抗压强度是工程施工中控制和评定混凝土质量的重要指标。

表 3-1　干硬性混凝土的用水量

拌合物稠度		卵石最大粒径/mm			碎石最大粒径/mm		
项目	指标/(kg·m⁻³)	10	20	40	16	20	40
维勃稠度/s	16～20	175	160	145	180	170	155
	11～15	180	165	150	185	175	160
	5～10	185	170	155	190	180	165

表 3-2　塑性混凝土的用水量

拌合物稠度		卵石最大粒径/mm				碎石最大粒径/mm			
项目	指标/(kg·m⁻³)	10	20	31.5	40	16	20	31.5	40
坍落度/mm	10～30	190	170	160	150	200	185	175	165
	35～50	200	180	170	160	210	195	185	175
	55～70	210	190	180	170	220	205	195	185
	75～90	215	190	185	175	230	215	205	195

注：1. 本表用水量是采用中砂时的平均取值。采用细砂时，每 m³ 混凝土用水量可增加 5～10kg；采用粗砂时，则可减少 5～10kg。

2. 掺用各种外加剂或掺合料时，用水量应相应调整。

（1）混凝土立方体抗压强度标准值　根据《普通混凝土力学性能试验方法标准》（GB/T 50081—2002）规定，混凝土立方体抗压强度是以边长为 150mm 的立方体标准试件，在温度（20±2）℃，相对湿度 95% 以上的标准条件下，养护到 28d 龄期，用标准试验方法测得的抗压强度值，具有 95% 的保证率，用 $f_{cu,k}$ 表示。在实际工程中，允许采用非标准尺寸的试件。当混凝土强度等级小于 C60 时，用非标准试件测得的强度值均应乘以尺寸换算系数，其值为：边长 200mm 试件为 1.05，边长 100mm 试件为 0.95；当混凝土强度等级大于等于 C60 时，宜采用标准试件。

（2）混凝土的强度等级　混凝土的强度等级，根据立方体抗压强度标准值划分，用符号 "C" 与立方体抗压强度标准值表示，单位为 N/mm² 或 MPa。其共有 C15、C20、C25、C30、C35、C40、C45、C50、C55、C60、C65、C70、C75、C80 等 14 个等级。混凝土的强度等级是混凝土施工中控制工程质量和工程验收时的重要依据。

3. 混凝土的耐久性

混凝土的耐久性是指混凝土在长期使用中，抵抗外部和内部不利因素的影响，能保持良好性能的能力。它是一项综合性能，通常包括抗渗、抗冻、抗侵蚀、碳化、碱集料反应及混凝土中钢筋锈蚀等方面。下面主要介绍混凝土的抗渗性和抗冻性。

（1）混凝土的抗渗性　混凝土的抗渗性是指混凝土抵抗压力液体渗透作用的能力，是决定混凝土耐久性能的最主要因素，用抗渗等级 P 表示。混凝土的抗渗性是以 28d 龄期的标准试件，按标准试验方法，以试件在规定的条件下，不渗水时所能承受的最大水压来确定的。其分为 P4、P6、P8、P10、P12 等 5 级，相应表示混凝土能抵抗 0.4MPa、0.6MPa、0.8MPa、1.0MPa、1.2MPa 的压力水，而不渗水。提高混凝土抗渗性的关键是提高混凝土的密实性。

（2）混凝土的抗冻性　混凝土的抗冻性是指混凝土在水饱和状态下，经受多次冻融循环作用而不破坏，强度也不严重降低的性能，用抗冻等级 F 表示。混凝土的抗冻性是以标准养护 28d 龄期的立方体试块，在浸水饱和状态下，承受 $-15 \sim -20℃$ 反复冻融循环，以抗压强度下降不超过 25%，且质量损失不超过 5% 时，所承受的最大冻融循环次数来确定混凝土的抗冻等级。其分为 F10、F15、F25、F50、F100、F150、F200、F250 和 F300 等 9 个等级，其中数字表示混凝土能经受的最大冻融循环次数。抗冻混凝土是指抗冻等级等于或大于 F50 的混凝土。

课题 2　混凝土配合比设计

混凝土的配合比设计是指确定混凝土中各组成材料数量之间的比例关系。混凝土配合比设计应采用工程实际使用的原材料，并应满足国家现行标准的有关要求，配合比设计应以干燥状态下的集料为基准，细集料含水率应小于 0.5%，粗集料含水率应小于 0.2%。配合比常用的表示方法有两种：一种是以 $1m^3$ 混凝土中各项材料的质量表示，如水泥（m_c）300kg、水（m_w）180kg、砂（m_s）720kg、石子（m_G）1200kg；另一种表示方法是以各项材料相互间的质量比来表示（以水泥质量为 1），将上例换算成质量比为：水泥: 砂: 石子: 水 $= 1: 2.4: 4: 0.6$。

3.2.1　混凝土配合比设计

1. 基本要求

配合比设计的任务就是根据原材料的技术性能及施工条件，合理地确定出能满足工程所要求的各项组成材料的用量。混凝土配合比设计的基本要求是：

1）满足混凝土结构设计要求的强度等级。

2）满足混凝土施工所要求的和易性。

3）满足工程所处环境要求的混凝土耐久性。

4）在满足上述三个条件的前提下，考虑经济原则，节约水泥，降低成本。

综上，混凝土配合比设计应满足混凝土配制强度、拌合物性能、力学性能和耐久性能等的设计要求。

2. 资料准备

在设计混凝土配合比之前，必须通过调查研究，预先掌握下列基本资料：

1）了解工程设计要求的混凝土强度等级，以便确定混凝土配制强度。

2）了解工程所处环境对混凝土耐久性的要求，以便确定所配制混凝土的最大水灰比和最小水泥用量。

3）掌握原材料的性能指标，包括：水泥的品种、强度等级、密度；砂、石等集料的种类、表观密度、级配、最大粒径；拌合用水的水质情况；外加剂的品种、性能、适宜掺量。

3. 重要参数

混凝土配合比设计，实质上就是确定胶凝材料、水、砂与石子这四项基本组成材料用量之间的三个比例关系，即水与胶凝材料之间的比例关系，常用水胶比表示；砂与石子之间的比例关系，常用砂率表示；水泥浆与集料之间的比例关系，常用单位用水量来反映。水胶比、砂率、单位用水量是混凝土配合比的三个重要参数，在配合比设计中正确地确定这三个参数，就能使混凝土满足配合比设计的四项基本要求。

（1）水胶比的确定 在原材料一定的情况下，水胶比对混凝土的强度和耐久性起着关键性的作用。混凝土的最大水胶比应符合现行国家标准《混凝土结构设计规范》（GB 50010—2010）的规定。混凝土的最小胶凝材料用量应符合表3-3的规定。矿物掺合料在混凝土中的掺量应通过试验确定。钢筋混凝土中矿物掺合料的最大掺量应符合表3-4的规定。

表3-3 混凝土的最小胶凝材料用量

最大水胶比	最小胶凝材料用量/（kg·m⁻³）		
	素混凝土	钢筋混凝土	预应力混凝土
0.60	250	280	300
0.55	280	300	300
0.50	320		
≤0.45	330		

表3-4 钢筋混凝土中矿物掺合料的最大掺量

矿物掺合料种类	水胶比	最大掺量（%）	
		硅酸盐水泥	普通硅酸盐水泥
粉煤灰	≤0.40	≤45	≤35
	>0.40	≤40	≤30
粒化高炉矿渣粉	≤0.40	≤65	≤55
	>0.40	≤55	≤45
钢渣粉	－	≤30	≤20
磷渣粉	－	≤30	≤20
硅灰	－	≤10	≤10
复合掺合料	≤0.40	≤60	≤50
	>0.40	≤50	≤40

注：1. 采用硅酸盐水泥和普通硅酸盐水泥之外的通用硅酸盐水泥时，混凝土中水泥混合材料和矿物掺合料用量之和应不大于按普通硅酸盐水泥用量20%计算的混合材料和矿物掺合料用量之和。
2. 对基础大体积混凝土，粉煤灰、粒化高炉矿渣粉和复合掺合料的最大掺量可增加5%。
3. 复合掺合料中各组分的掺量不宜超过任一组分单掺时的最大掺量。

（2）单位用水量的确定 在水灰比一定的条件下，单位用水量是影响混凝土拌合物流动性的主要因素，单位用水量可根据施工要求的流动性及粗集料的最大粒径确定。在满足施工要求和混凝土流动性的前提下，取较小值，以满足经济上的要求。

（3）砂率的确定 砂率影响混凝土拌合物的和易性，特别是黏聚性和保水性。提高砂率有利于保证混凝土的黏聚性和保水性。

3.2.2 混凝土配合比设计的步骤

混凝土配合比设计步骤，首先按照已选择的原材料性能及对混凝土的技术要求进行初步计算，得出"初步计算配合比"，并经过实验室试拌调整，得出"基准配合比"。然后经过强度检验（如有抗渗、抗冻等其他性能要求，应当进行相应的检验），定出满足设计和施工要求，并比较经济的"设计配合比（实验室配合比）"。最后根据现场砂、石的实际含水率，对实验室配合比进行调整，求出"施工配合比"。混凝土配合比试验记录见附录 D。

1. 初步计算配合比

（1）配制强度（$f_{cu,0}$）的确定　根据《普通混凝土配合比设计规程》（JGJ 55—2011）的规定，在实际施工过程中，由于原材料质量和施工条件的波动，混凝土强度难免有波动。为使混凝土的强度保证率能满足国家标准的要求，必须使混凝土的配制强度等级高于设计强度等级。根据《普通混凝土配合比设计规程》（JGJ 55—2011）配制强度按下式计算：

当混凝土设计强度等级小于 C60 时：

$$f_{cu,0} \geqslant f_{cu,k} + 1.645\sigma$$

式中　$f_{cu,0}$——混凝土配制强度（MPa）；

　　　$f_{cu,k}$——混凝土立方体抗压强度标准值（MPa）；

　　　σ——混凝土强度标准差（MPa）。

当混凝土设计强度等级不小于 C60 时：$f_{cu,0} \geqslant 1.15 f_{cu,k}$

1）遇有下列情况时应提高混凝土配制强度：

①现场条件与实验室条件有显著差异时。

②C30 级及其以上强度等级的混凝土，采用非统计方法评定时。

2）标准差 σ 的确定方法如下：

①当施工单位具有近期 1~3 个月的同一品种混凝土强度资料时，其混凝土强度标准差按下式计算：

$$\sigma = \sqrt{\frac{\sum\limits_{i=1}^{n} f_{cu,i}^2 - n \bar{f}_{cu}^2}{n-1}}$$

式中　$f_{cu,i}$——第 i 组试件的强度值（MPa）；

　　　$\bar{f}_{cu}$——n 组试件强度的平均值（MPa）；

　　　n——混凝土试件的组数，$n \geqslant 30$。

对于强度等级不大于 C30 的混凝土：当 σ 计算值不小于 3.0MPa 时，应按照计算结果取值；当 σ 计算值小于 3.0MPa 时，σ 应取 3.0MPa。对于强度等级大于 C30 且不大于 C60 的混凝土：当 σ 计算值不小于 4.0MPa 时，应按照计算结果取值；当 σ 计算值小于 4.0MPa 时，σ 应取 4.0MPa。

②当施工单位无历史统计资料时，可按表 3-5 取用。

表 3-5　混凝土 σ 取值

混凝土强度等级	≤C20	C20~C45	C50~C55
σ	4.0	5.0	6.0

（2）确定相应的水胶比（W/B）　混凝土强度等级小于 C60 时，混凝土水灰比应按下式计算：

$$W/B = \frac{\alpha_a \cdot f_b}{f_{cu,0} + \alpha_a \cdot \alpha_b \cdot f_b}$$

式中　α_a、α_b——回归系数;

　　　　f_b——胶凝材料（水泥与矿物掺合料按使用比例混合）28d 胶砂强度（MPa），可实测。

当胶凝材料 28d 胶砂强度无实测值时，可按下式计算：

$$f_b = 1.1 \gamma_f \gamma_s f_{ce}$$

式中　γ_f、γ_s——粉煤灰影响系数和粒化高炉矿渣粉影响系数，可按表 3-6 选用;

　　　　f_{ce}——水泥 28d 抗压强度实测值（MPa）。

表 3-6　粉煤灰影响系数 γ_f 和粒化高炉矿渣粉影响系数 γ_s 的取值

种类 掺量（%）	粉煤灰影响系数 γ_f	粒化高炉矿渣粉影响系数 γ_s
0	1.00	1.00
10	0.90 ~ 0.95	1.00
20	0.80 ~ 0.85	0.95 ~ 1.00
30	0.70 ~ 0.75	0.90 ~ 1.00
40	0.60 ~ 0.65	0.80 ~ 0.90
50	—	0.70 ~ 0.85

注：1. 本表应以 P.O 42.5 水泥为准;如采用普通硅酸盐水泥以外的通用硅酸盐水泥，可将水泥混合材料掺量 20% 以上部分计入矿物掺合料。

　　2. 采用 I 级或 II 级粉煤灰宜取上限值。

　　3. 采用 S75 级粒化高炉矿渣粉宜取下限值，采用 S95 级粒化高炉矿渣粉宜取上限值，采用 S105 级粒化高炉矿渣粉可取上限值加 0.05。

　　4. 当超出表中的掺量时，粉煤灰和粒化高炉矿渣粉影响系数应经试验确定。

1）无水泥 28d 抗压强度实测值时，f_{ce} 值可按下式确定。

$$f_{ce} = \gamma_c \cdot f_{ce,g}$$

式中　γ_c——水泥强度等级值的富余系数，可按实际统计资料确定;

　　　　$f_{ce,g}$——水泥强度等级值（MPa）。

当缺乏实际统计资料时，也可按表 3-7 选用：

表 3-7　富余系数 γ_c 的取值

水泥强度等级值	32.5	42.5	52.5
富余系数 γ_c	1.12	1.16	1.10

2）回归系数 α_a、α_b 宜按下列规定确定。

①回归系数 α_a 和 α_b 根据工程所使用的水泥、集料，应通过试验由建立的水胶比与混凝土的强度关系式确定。

②当不具备上述试验统计资料时，其回归系数可按表 3-8 采用。

表3-8　　回归系数选用

系数 ＼ 石子品种	碎石	卵石
α_a	0.53	0.49
α_b	0.20	0.13

（3）选取 $1m^3$ 混凝土的用水量（m_{w0}）

1）干硬性和塑性混凝土用水量的确定。

①水胶比在0.40～0.80范围时，混凝土中用水量可按表3-9选取。

②水胶比小于0.40的混凝土以及采用特殊成形工艺的混凝土用水量应通过试验确定。

表3-9　　干硬性和塑性混凝土的用水量

拌合物稠度		卵石最大粒径/mm				碎石最大粒径/mm			
项目	指标/（kg/m³）	10	20	31.5	40	16	20	31.5	40
维勃稠度 /s	16～20	175	160	—	145	180	170	—	155
	11～15	180	165	—	150	185	175	—	160
	5～10	185	170	—	155	190	180	—	165
坍落度 /mm	10～30	190	170	160	150	200	185	175	165
	35～50	200	180	170	160	210	195	185	175
	55～70	210	190	180	170	220	205	195	185
	75～90	215	195	185	175	230	215	205	195

注：1. 本表用水量是采用中砂时的平均取值。采用细砂时，每 m^3 混凝土用水量增加5～10kg；采用粗砂时，则可减少5～10kg。

2. 掺用各种外加剂或掺合料时，用水量应相应调整。

2）流动性和大流动性混凝土的用水量宜按下列步骤计算。

①以表3-9中的坍落度90mm的用水量为基础，按坍落度每增大20mm用水量增加5kg，计算出未掺外加剂时的混凝土用水量。当坍落度增大到180mm以上时，随坍落度相应增加的用水量可减少。

②掺外加剂时的混凝土用水量可按下式计算

$$m_{wa} = m_{w0} \cdot (1-\beta)$$

式中　m_{wa}——掺外加剂混凝土每 m^3 混凝土的用水量（kg）；

　　　　m_{w0}——未掺外加剂混凝土每 m^3 混凝土的用水量（kg）；

　　　　β——外加剂的减水率（%）。

③外加剂的减水率应经试验确定。

（4）计算 $1m^3$ 混凝土的胶凝材料、矿物掺合料和水泥用量

1）根据已初步确定的水胶比（W/B）和选用的单位用水量（m_{w0}），可计算出胶凝材料用量（m_{b0}）。

$$m_{b0} = \frac{m_{w0}}{W/B}$$

2）$1m^3$ 混凝土的矿物掺合料用量（m_{f0}）计算应符合下列规定。

①确定符合强度要求的矿物掺合料掺量 β_f；

②矿物掺合料用量（m_{f0}）应按下式计算。

$$m_{f0} = m_{b0}\beta_f$$

式中　m_{f0}——$1m^3$ 混凝土中矿物掺合料用量（kg）；

　　　β_f——计算水胶比过程中确定的矿物掺合料掺量（%）。

3）$1m^3$ 混凝土的水泥用量（m_{c0}）应按下式计算。

$$m_{c0} = m_{b0} - m_{f0}$$

式中　m_{c0}——$1m^3$ 混凝土中水泥用量（kg）。

（5）选用合理的砂率值（β_s）　应当根据混凝土拌合物的和易性及充分满足砂填充粗集料空隙的原则，通过试验求出合理砂率。当无历史资料可参考时，混凝土砂率的确定应符合下列规定：

1）坍落度为 10~60mm 的混凝土砂率，可根据粗集料品种、粒径及水胶比按表 3-10 选取。

表 3-10　混凝土砂率选取表

水胶比（%）（W/B）	卵石最大粒径/mm			碎石最大粒径/mm		
	10	20	40	16	20	40
0.40	26~32	25~31	24~30	30~35	29~34	27~32
0.50	30~35	29~34	28~33	33~38	32~37	30~35
0.60	33~38	32~37	13~36	36~41	35~40	33~38
0.70	36~41	35~40	34~39	39~44	38~43	36~41

注：1. 本表数值是中砂的选用砂率，对细砂或粗砂可相应地减少或增大砂率。

　　2. 1 个单粒级粗集料配制混凝土时，砂率应适当增大。

　　3. 对薄壁构件，砂率取偏大值。

　　4. 本表中的砂率是指砂与集料总量的质量比。

2）坍落度大于 60mm 的混凝土砂率，可经试验确定，也可在表 3-10 的基础上，按坍落度每增大 20mm，砂率增大 1% 的幅度予以调整。

3）坍落度小于 10mm 的混凝土，其砂率应经试验确定。

（6）计算粗、细集料的用量（m_{s0} 和 m_{g0}）

1）质量法。如果原材料情况比较稳定及相关技术指标符合标准要求，所配制的混凝土拌合物的表观密度将接近一个固定值，这样可以先假设一个 $1m^3$ 混凝土拌合物的质量值。因此可列出以下两式：

$$m_{c0} + m_{g0} + m_{s0} + m_{w0} = m_{cp}$$

$$\beta_s = \frac{m_{s0}}{m_{g0} + m_{s0}} \times 100\%$$

式中　m_{cp}——$1m^3$ 混凝土拌合物的假定质量（kg），其值可取 2350~2450kg。

2）体积法。根据 $1m^3$（1000L）混凝土体积等于各组成材料绝对体积与所含空气体积之和，按下式计算：

$$\frac{m_{c0}}{\rho_c} + \frac{m_{f0}}{\rho_f} + \frac{m_{g0}}{\rho_g} + \frac{m_{s0}}{\rho_s} + \frac{m_{w0}}{\rho_w} + 0.01\alpha = 1$$

$$\beta_s = \frac{m_{s0}}{m_{g0} + m_{s0}} \times 100\%$$

式中　ρ_c——水泥密度（kg/m³），可取 2900 ~ 3100kg/m³；

　　　ρ_f——矿物掺合料密度（kg/m³）；

　　　ρ_g——石子表观密度（kg/m³）；

　　　ρ_s——砂子表观密度（kg/m³）；

　　　ρ_w——水的密度（kg/m³），可取 1000kg/m³；

　　　α——混凝土的含气量百分数，在不使用引气型外加剂时 α 取 1。

解联立两式，即可求出 m_{s0} 和 m_{g0}。

通过以上六个步骤，便可将水、水泥、砂和石子的用量全部求出，得出初步计算配合比，供试配用。

以上混凝土配合比计算公式和表格，均以干燥状态集料（指含水率小于 0.5% 的细集料和含水率小于 0.2% 的粗集料）为基准。当以饱和面干集料为基准进行计算时，则应作相应的修正。

2. 试配和基准配合比

以上求出的各材料用量，是借助于一些经验公式和数据计算出来，或是利用经验资料查得的，因而不一定能够完全符合具体的工程实际情况，必须通过试拌调整，直到混凝土拌合物的和易性符合要求为止，然后提出供检验强度用的基准配合比。

1）按初步计算配合比，称取实际工程中使用的材料进行试拌，混凝土搅拌方法应与生产时用的方法相同。

2）混凝土配合比试配时，每盘混凝土的最小搅拌量应符合表 3-11 的规定；当采用机械搅拌时，其搅拌量不应小于搅拌机额定搅拌量的 1/4。

3）试配时材料称量的精确度为：集料为±1%；水泥及外加剂均为 ±0.5%。

4）混凝土搅拌均匀后，检查拌合物的性能。当试拌出的拌合物坍落度或维勃稠度不能满足要求、或黏聚性和保水性不良时，应在保

表 3-11　混凝土试配的最小搅拌量

骨料最大粒径/mm	拌合物数量/L
31.5 及以下	20
40	25

持水胶比不变的条件下，相应调整用水量或砂率，一般调整幅度为 1% ~ 2%，直到符合要求为止。然后提出供强度试验用的基准混凝土配合比，具体调整方法见表 3-12。经调整后得基准混凝土配合比——$m_{cj} : m_{wj} : m_{sj} : m_{gj}$。

表 3-12　混凝土拌合物和易性的调整方法

不能满足要求情况	调 整 方 法
坍落度小于要求，黏聚性和保水性合适	保持水胶比不变，增加水泥和水用量。相应减少砂石用量（砂率不变）
坍落度大于要求，黏聚性和保水性合适	保持水胶比不变，减少水泥和水用量。相应增加砂石用量（砂率不变）
坍落度合适，黏聚性和保水性不好	增加砂率（保持砂石总量不变，提高砂用量，减少石子用量）
砂浆过多引起坍落度过大	减少砂率（保持砂石总量不变，减少砂用量，增加石子用量）

3. 设计配合比

（1）检验强度　经过和易性调整后得到的基准配合比，其水灰比选择不一定恰当，即混凝土的强度有可能不符合要求，所以应检验混凝土的强度。强度检验时应至少采用 3 个不同的配合比，其中 1 个为基准配合比，另外 2 个为配合比的水胶比，较基准配合比分别增加或减少 0.05，而其用水量与基准配合比相同，砂率可分别增加或减少 1%。每种配合比制作 1 组（3 块）试件，并经标准养护到 28d 时试压（在制作混凝土试件时，尚需检验混凝土的和易性及测定表观密度，并以此结果作为代表这一配合比的混凝土拌合物的性能值）。制作的混凝土立方体试件的边长，应根据石子最大粒径按规定选定。

（2）确定设计配合比

1）由试验得出的三组水胶比及其对应的混凝土强度之间的关系，通过作图或计算求出与混凝土配制强度（$f_{c,u}$）相适应的水胶比，并按下列原则确定 $1m^3$ 混凝土的材料用量。

①用水量（m_w）：取基准配合比中的用水量，并根据制作强度试件时测得的坍落度或维勃稠度，进行适当的调整。

②胶凝材料用量（m_0）：以用水量乘以选定的胶水比计算确定。

③粗、细集料用量（m_s、m_g）：取基本配合比中的粗细集料用量，并按选定的水胶比进行适当的调整。

2）混凝土表观密度的校正。配合比经试配、调整和确定后，还需根据实测的混凝土表观密度（$\rho_{c,t}$）做必要的校正，其步骤是：

①计算混凝土的表观密度计算值（$\rho_{c,c}$）。

$$\rho_{c,c} = m_w + m_c + m_s + m_g$$

②计算混凝土配合比校正系数 δ。

$$\delta = \frac{\rho_{c,t}}{\rho_{c,c}}$$

式中　$\rho_{c,t}$——混凝土表观密度实测值（kg/m^3）；

$\rho_{c,c}$——混凝土表观密度计算值（kg/m^3）。

③当混凝土表观密度实测值 $\rho_{c,t}$ 与计算值 $\rho_{c,c}$ 之差的绝对值不超过计算值的 2% 时，以上定出的配合比即为确定的设计配合比；当二者之差超过计算值的 2% 时，应将配合比中的各项材料用量均乘以校正系数 δ，即为确定的混凝土设计配合比：$m_c:m_w:m_s:m_g$。

4. 施工配合比

设计配合比是以干燥材料为基准的，而工地存放的砂、石是露天堆放，都含有一定的水分，而且随着气候的变化，含水情况经常变化。所以现场材料的实际称量按工地砂、石的含水情况进行修正，修正后的配合比称施工配合比。

假定工地存放砂的含水率为 a（%），石子的含水率为 b（%）则将上述设计配合比换算为施工配合比，其材料称量为：

$$m'_c = m_c$$
$$m'_s = m_s(1 + 0.01a)$$
$$m'_g = m_g(1 + 0.01b)$$
$$m'_w = m_w - 0.01am_s - 0.01bm_g$$

3.2.3 普通混凝土配合比设计实例

【例3-1】 某框架结构工程现浇钢筋混凝土梁，混凝土的设计强度等级为C30，施工要求坍落度为 35～50mm（混凝土由机械搅拌、机械振捣），根据施工单位历史统计资料，混凝土强度标准差 $\sigma = 4.8$MPa。采用的原材料为，水泥：42.5 级普通水泥（实测 28d 强度 45.0MPa），密度 $\rho_c = 3100$kg/m³；砂：中砂，表观密度 $\rho_s = 2650$kg/m³；石子：碎石，表观密度 $\rho_g = 2700$kg/m³，最大粒径 $D_{max} = 20$mm；水：自来水。试设计混凝土配合比（按干燥材料计算）。施工现场砂含水率3%，碎石含水率1%，求施工配合比。

【解】 1. 初步计算配合比

（1）确定配制强度 $f_{cu,0}$

$$f_{cu,0} = f_{cu,k} + 1.645\sigma = (30 + 1.645 \times 4.8)\ \text{MPa} = 37.9\text{MPa}$$

（2）确定水胶比 W/B　碎石：$\alpha_a = 0.53$　$\alpha_b = 0.20$。

$$\frac{W}{B} = \frac{\alpha_a \cdot f_{ce}}{f_{cu,0} + \alpha_a \cdot \alpha_b \cdot f_{ce}} = \frac{0.53 \times 45.0}{37.9 + 0.53 \times 0.20 \times 45.0} = 0.56$$

查表3-3，$W/B = 0.65$，故可取 $W/B = 0.56$。

（3）确定单位用水量（m_w）　查表3-9取 $m_w = 195$kg。

（4）确定水泥用量（m_{c0}）

$$m_{c0} = \frac{m_{w0}}{W/B} = \frac{195}{0.56}\text{kg} = 348\text{kg}$$

查表3-3，最小胶凝材料用量可取 $m_{c0} = 348$kg。

（5）确定合理砂率（β_s）　根据集料及水胶比情况，查表3-10，取 $\beta_s = 36\%$。

（6）计算粗、细集料用量（m_{s0} 及 m_{g0}）

1）用质量法计算。

$$m_{c0} + m_{g0} + m_{s0} + m_{w0} = m_{cp}$$

$$\beta_s = \frac{m_{s0}}{m_{g0} + m_{s0}} \times 100\%$$

假定 1m³ 混凝土拌合物的质量 $m_{cp} = 2400$kg，则：

$$348 + m_{g0} + m_{s0} + 195 = 2400\text{kg}$$

$$\frac{m_{s0}}{m_{g0} + m_{s0}} = 0.36$$

解得：$m_{g0} = 1189$kg，$m_{s0} = 669$kg。

2）用体积法计算。

$$\frac{348}{3100} + \frac{m_{g0}}{2700} + \frac{m_{s0}}{2650} + \frac{195}{1000} + 0.01 = 1$$

$$\frac{m_{s0}}{m_{g0} + m_{s0}} = 0.36$$

解得：$m_{g0} = 1172$kg，$m_{s0} = 659$kg。

两种方法计算结果相近，若按质量法则初步配合比为：水泥 $m_{c0} = 348$kg，砂 $m_{s0} =$

669kg，石子 $m_{g0} = 1189$kg，水 $m_{w0} = 195$kg；或 $m_{c0} : m_{s0} : m_{g0} : m_{w0} = 348 : 669 : 1189 : 195 =$ $1 : 1.92 : 3.42 : 0.56$。

2. 配合比的试配、调整与确定

（1）基准配合比　按初步计算配合比试拌混凝土20L，其材料用量为，水泥：$0.02 \times$ 348kg = 6.96kg；水：0.02×195kg = 3.90kg；砂：0.02×669kg = 13.38kg；石子：$0.02 \times$ 1189kg = 23.78kg。

搅拌均匀后做和易性试验，测得坍落度为25mm，不符合要求。增加5%的水泥浆，即水泥用量增加到7.31kg，水用量增加到4.10kg，测得坍落度为35mm，黏聚性、保水性均良好。试拌调整后的各材料用量为：水泥7.31kg，水4.10kg，砂13.38kg，石子23.78kg，总质量48.57kg。

即基准配合比为：$m'_{c0} : m'_{s0} : m'_{g0} : m'_{w0} = 1 : 1.83 : 3.26 : 0.56$。

（2）设计配合比　在基准配合比的基础上，拌制3种不同水胶比的混凝土，并制作3组强度试件。其中1个是水胶比为0.56的基准配合比，另两个水胶比分别为0.51及0.61，经试拌检查，和易性均满足要求。标准养护28d后，进行强度试验，得出的强度值分别为：水胶比0.51（胶水比1.96）46.0MPa；水胶比0.56（胶水比1.79）38.9MPa；水胶比0.61（胶水比1.64）34.5MPa。

根据上述3组水胶比与其相对应的强度关系，计算（或作图3-1）得出混凝土配制强度 $f_{cu,0}$（37.9MPa）对应的胶水比为1.76，即水胶比为0.57。

按 $W/B = 0.57$ 计算水泥用量，水：$m_w = 204$kg；水泥：$m_c = 204/0.57 = 358$kg；砂：$m_s = 665$kg；石子：$m_g = 1184$kg。

测得拌合物表观密度为2408kg/m³，而混凝土表观密度计算值：$\rho_{c,c} = (204 + 358 + 665 + 1184)$ kg/m³ = 2411kg/m³。

其校正系数：$\delta = \dfrac{\rho_{c,t}}{\rho_{c,c}} = \dfrac{2408}{2411} \approx 0.99$

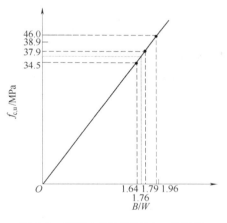

图3-1　混凝土配制强度 $f_{cu,0}$ 的计算

由于实测值与计算值之差不超过计算值的2%，因此上述配合比可不作校正，则：设计配合比 $m_c : m_s : m_g : m_w = 358 : 665 : 1184 : 204 = 1 : 1.86 : 3.31 : 0.57$。

（3）施工配合比　将设计配合比换算成施工配合比，用水量应扣除砂、石所含水量，而砂、石量则应增加为砂、石含水的质量。所以施工配合比为：

$m'_c = 358$kg

$m'_s = 665 \times (1 + 3\%)$kg = 684kg

$m'_g = 1184 \times (1 + 1\%)$kg = 1196kg

$m'_w = (204 - 665 \times 3\% - 1184 \times 1\%)$kg = 172kg

3.2.4 有特殊要求的混凝土配合比设计

1. 抗渗混凝土

1）原材料的选用和质量控制对抗渗混凝土非常重要。大量抗渗混凝土用于地下工程，为了提高抗渗性能和适合地下环境的特点，掺加外加剂和矿物掺合料的措施十分有效，也是目前工程中普遍的做法。在以胶凝材料最小用量作为控制指标的情况下，采用普通硅酸盐水泥有利于混凝土耐久性能的提高和工程质量的控制。集料粒径太大和含泥（包括泥块）较多都对混凝土抗渗性能不利。

2）采用较小的水胶比可提高混凝土的密实性，从而使其有较好的抗渗性。因此，控制最大水胶比是抗渗混凝土配合比设计的重要法则。另外，胶凝材料和细集料用量太少也对混凝土抗渗性能不利。

3）抗渗混凝土的配制抗渗等级比设计值要求高，有利于确保实际工程混凝土抗渗性能满足设计要求。

4）在混凝土中掺用引气剂适量引气，有利于提高混凝土的抗渗性能。

2. 抗冻混凝土

1）采用硅酸盐水泥或普通硅酸盐水泥配制抗冻混凝土是一种基本的做法，目前寒冷或严寒地区一般都采取这种措施。含泥（包括泥块）较多和集料坚固性差都对混凝土抗冻性能不利。一些混凝土防冻剂中掺用氯盐，如果采用，则会引起混凝土中钢筋锈蚀，导致严重的结构混凝土耐久性问题。

2）混凝土水胶比大，则密实性差，对抗冻性能不利，因此要控制混凝土最大水胶比。在水胶比不变的情况下，混凝土中掺入过量矿物掺合料也对混凝土抗冻性能不利。混凝土中掺用引气剂是提高混凝土抗冻性能最有效的方法。

3. 大体积混凝土

1）大体积混凝土所用的原材料应符合下列规定：

①水泥宜采用中、低热硅酸盐水泥或低热矿渣硅酸盐水泥，当采用硅酸盐水泥或普通硅酸盐水泥时，应掺加矿物掺合料，胶凝材料的 3d 和 7d 水化热分别不宜大于 240kJ/kg 和 270kJ/kg。

②粗集料宜为连续级配，最大公称粒径不宜小于 31.5mm，含泥量不应大于 1.0%。

③细集料宜采用中砂，含泥量不应大于 3.0%。

④宜掺用矿物掺合料和缓凝型减水剂。

2）当采用混凝土 60d 或 90d 龄期的设计强度时，宜采用标准尺寸试件进行抗压强度试验。

3）大体积混凝土配合比应符合下列规定：

①水胶比不宜大于 0.55，用水量不宜大于 $175kg/m^3$。

②在保证混凝土性能要求的前提下，宜提高 $1m^3$ 混凝土中的粗集料用量；砂率宜为 38% ~42%。

③在保证混凝土性能要求的前提下，应减少胶凝材料中的水泥用量，提高矿物掺合料掺量。

④在配合比试配和调整时，控制混凝土绝热温升不宜大于 50℃。

⑤大体积混凝土配合比应满足施工对混凝土凝结时间的要求。

3.2.5　混凝土配合比设计单的解读与应用

1. 解读混凝土配合比通知单

混凝土配合比通知单是由实验室经试配，并从中选取最佳配合比填写和签发的单子。施工中要严格按此配合比进行施工现场混凝土的配制并计量施工，不得随意修改。施工单位领取配合比通知单后，要验看是否字迹清晰、签章齐全、无涂改、与申请要求吻合等，并注意配合比通知单上的备注说明。通知单上对混凝土配合比的表示方法有如下两种。

（1）1m³ 混凝土用量（kg）　即1m³ 混凝土中各种材料的用量，其相加所得的质量总和即为混凝土单位体积的质量。

【例3-2】：

	水泥	水	砂	石	外加剂	掺合料
1m³ 混凝土用量(kg)	390	195	736	1059	15.60	60

（2）质量比　混凝土中各种材料质量与水泥质量的比值（即以水泥质量作为单位质量1）。如［例3-2］中质量比为：水泥:水:砂:石:外加剂:掺合料 = 1:0.5:1.89:2.72:0.04:0.15。

2. 施工现场（预拌混凝土搅拌站）混凝土的配制

（1）配制步骤　以1m³ 混凝土用量形式的通知单来进行施工现场混凝土配制的说明。

1）查验现场各种原材料（包括水泥、砂、石、外加剂和掺合料）是否已经过试验；对照配合比申请单中各种材料的试验编号是否正确；查验原材料是否与抽样批量相符。

2）如现场库存有两种以上的同类材料，应与拌制混凝土操作人员一同对照混凝土配合比申请单，确认应选用的材料品种。

3）计算施工现场1m³ 混凝土各材料的实际质量。由于在试验室中1m³ 混凝土用量中的砂和石均为干料，而施工现场配制混凝土时，应该是湿料，因此施工现场中砂或石的实际质量＝干料＋其中含水的质量（含水质量＝干料×含水率）。而施工中实际用水量则还需要减去砂、石等含水的质量。

4）计算施工现场每盘原材料的用量。在试验室试配的是1m³ 混凝土用量，但在施工现场用的是搅拌机，以每盘用量（1盘指的搅拌机搅拌1次生产的体积量，每盘材料用量＝1m³ 材料用量×1盘体积量）来进行配制。一般来说搅拌机的型号能给出每盘用量，但是由于实际生产能力和需求的不同，每盘用量会稍有不同。因此应先确定施工现场实际的每盘水泥用量，然后用1m³ 水泥用量除以每盘水泥用量得到1盘体积量，最后用施工现场1m³ 各材料用量（湿料）乘以体积量则得到每盘混凝土中各材料的实际用量。

（2）配合比应用实例

【例3-3】　已知一份混凝土配合比通知单中，混凝土强度等级为C40，水泥强度等级为P.O 42.5，水胶比为0.39，砂率为38%，砂子含水率为3.1%，石子的含水率为1%。本配合比所使用材料均为干料，浇筑时应根据材料含水情况随时调整。其中1m³ 用量：水泥580kg，砂608kg，石987kg，水235kg，掺合料20kg。实际施工中，根据已有生产能力，每盘水泥用量为450kg。请计算出施工时每盘混凝土中各原材料的实际用量。

【解】

1) 每盘混凝土的用量为：$\dfrac{450}{580}\mathrm{m}^3 = 0.77\mathrm{m}^3$。

2) 计算施工现场 $1\mathrm{m}^3$ 混凝土各材料的实际质量。水泥：580kg；砂子：608kg×（1＋3%）＝626kg；石子：987kg×（1＋1%）＝997kg；水：235kg － 608kg×3% － 987kg×1% ＝206kg，掺合料：20kg。

3) 计算每盘原材料用量。实际水泥用量＝450kg；实际砂用量＝626×0.77kg＝482kg；实际石用量＝997×0.77kg＝768kg；实际水用量＝206×0.77kg＝159kg；实际掺合料用量＝20kg×0.77＝15kg。

4) 最后拌制混凝土时各种材料的每盘实际用量为：水泥450kg，水159kg，砂482kg，石子768kg，掺合料15kg。

课题 3　普通混凝土的性能检测

3.3.1　检测项目

1. 普通混凝土检测项目

1) 和易性。

2) 抗压强度。

2. 抗渗混凝土检测项目

1) 和易性。

2) 抗压强度。

3) 抗渗性能。

3.3.2　普通混凝土拌合物的性能检测

1. 取样、试样制备及记录

（1）取样

1) 同一组混凝土拌合物的取样应从同一盘混凝土或同一车混凝土中取。取样量应多于试验所需量的 1.5 倍，且不小于 20L。

2) 取样应具有代表性，宜采用多次采样的方法。一般在同一盘混凝土或同一车混凝土中约 1/4 处、1/2 处和 3/4 处之间分别取样，从第一次取样到最后 1 次取样不宜超过 15min，然后人工搅拌均匀。

3) 从取样完毕到开始做各项性能试验不宜超过 5min。

（2）试样制备

1) 试验用原材料和实验室温度应保持（20±5）℃，或与施工现场保持一致。

2) 拌和混凝土时，材料用量以质量计，称量精度：集料为 ±1%；水、水泥、掺合料及外加剂均为 ±0.5%。

3) 从试样制备完毕到开始做各项性能试验不宜超过 5min。

4) 混凝土拌合物的制备应符合《普通混凝土配合比设计规程》（JGJ 55—2011）中的有关规定。

（3）记录

1）取样记录：取样日期和时间，工程名称，结构部位，混凝土强度等级，取样方法，试样编号，试样数量，环境温度及取样的混凝土温度。

2）试样制备记录：实验室温度，各种原材料品种、规格、产地及性能指标，混凝土配合比和每盘混凝土的材料用量。

2. 混凝土拌和方法

（1）人工拌和

1）按所定配合比称取各材料试验用量，以干燥状态为准。

2）将拌板和拌铲用湿布润湿后，把砂倒在拌板上，然后加入水泥，用拌铲自拌板一端翻拌至另一端。如此反复，直至充分混合、颜色均匀，再加入石子翻拌混合均匀。

3）将干混合料堆成锥形，在中间作一凹槽，将已量好的水，倒入一半左右（不要使水流出），仔细翻拌，然后徐徐加入剩余的水，继续翻拌，每翻拌 1 次，用铲在混合料上铲切 1 次，至拌和均匀为止。

4）拌和时力求动作敏捷，拌和时间自加水时算起，应符合标准规定：拌和体积为 30L 以下时为 4 ~ 5min；拌和体积为 30 ~ 50L 时为 5 ~ 9min；拌和体积为 51 ~ 75L 时为 9 ~ 12min。

5）拌好后，应立即做和易性试验或试件成型。从开始加水时起，全部操作须在 30min 内完成。

（2）机械拌和

1）按所定配合比称取各材料试验用量，以干燥状态为准。

2）按配合比称量的水泥、砂、水及少量石预拌 1 次，使水泥砂浆先黏附满搅拌机的筒壁，倒出多余的砂浆，以免影响正式搅拌时的配合比。

3）依次将称好的石子、砂和水泥倒入搅拌机内，干拌均匀，再将水徐徐加入，全部加料时间不得超过 2min，加完水后，继续搅拌 2min。

4）卸出拌合物，倒在拌板上，再经人工拌和 2 ~ 3 次。

5）拌好后，应立即做和易性试验或试件成型。从开始加水时起，全部操作须在 30min 内完成。

3. 混凝土拌合物和易性试验

（1）坍落度与坍落扩展度法　坍落度试验适用于坍落度值不小于 10mm，集料最大粒径不大于 40mm 的混凝土拌合物稠度测定。

1）试验目的。确定混凝土拌合物和易性是否满足施工要求。

2）主要仪器设备。坍落度筒（见图 3-2）、捣棒（见图 3-3）、搅拌机、台秤、量筒、天平、拌铲、拌板、钢尺、装料漏斗、抹刀等。

3）试验步骤。

①润湿坍落度筒及铁板，在坍落度内壁和铁板上应无明水。铁板应放置在坚实水平面上，并把筒放在铁板中心，然后用脚踩住两边的脚踏板，坍落度筒在装料时应保持固定的位置。筒顶部加上漏斗，放在铁板上，双脚踩住脚踏板。

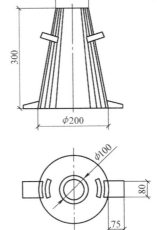

图 3-2　坍落度筒

②把混凝土试样用小铲分 3 层均匀地装入筒内,每层高度约为筒高的 1/3 左右。每层用捣棒插捣 25 次,插捣应沿螺旋方向由外向中心进行,各次插捣应在截面上均匀分布。插捣筒边混凝土时,捣棒可以稍稍倾斜。插捣底层时,捣棒应贯穿整个深度。插捣第 2 层和顶层时,捣棒应插透本层至下一层的表面。浇灌顶层时,混凝土应灌到高出筒口。插捣过程中,如混凝土沉落到低于筒口,则应随时添加。顶层插捣完后,刮去多余的混凝土,并用抹刀抹平。

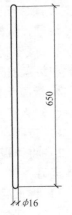

650

$\phi16$

图 3-3 捣棒

③清除筒边底板上的混凝土后,垂直平稳地提起坍落度筒。坍落度筒的提离过程应在 5～10s 内完成;从开始装料到提坍落度筒的整个过程应不间断地进行,并应在 150s 内完成。

4)结果评定。提起坍落度筒后,测量筒高与坍落后混凝土试体最高点之间的高度差,即为该混凝土拌合物的坍落度值,精确至 1mm(见图 3-4)。坍落度筒提离后,如混凝土发生崩塌或一边剪坏的现象,则应重新取样另行测定;如第二次试验仍出现上述现象,则表示该混凝土和易性不好,应予记录备查。

观察坍落后混凝土试体的黏聚性及保水性。黏聚性的检查方法是用捣棒在已坍落的混凝土锥体侧面轻轻敲打,如果锥体逐渐下沉,则表示黏聚性良好;如果锥体倒塌、部分崩裂或出现离析现象,则表示黏聚性不好。保水性的检查方法是:坍落度筒提起后,如有较多的稀浆从底部析出,锥体部分的混凝土也因失浆而集料外露,则表示保水性不好;如无稀浆或仅有少量稀浆自底部析出,则表示保水性良好。

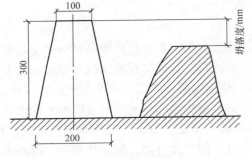

100

300

200

坍落度/mm

图 3-4 坍落度测定示意图

当混凝土拌合物的坍落度大于 220mm 时,用钢尺测量混凝土扩展后最终的最大直径和最小直径,在两直径之差小于 50mm 的条件下,其算术平均值为坍落扩展度值,否则,此次试验无效。如果发现粗集料在中央集堆或边缘有水泥浆析出,表示此混凝土拌合物抗离析性不好,应予记录。

混凝土拌合物坍落度和坍落扩展度值以 mm 为单位,测量精确至 1mm,结果表达修约至 5mm(修约方法见单元 1)。

(2)维勃稠度法

1)使用条件。本方法适用于集料最大粒径不大于 40mm,维勃稠度在 5～30s 之间的混凝土拌合物稠度测定;坍落度不大于 50mm 或干硬性混凝土的稠度测定。

2)维勃稠度试验步骤。

①维勃稠度仪应放置在坚实的水平面上,用湿布把容器、坍落度筒、喂料斗内壁及其他用具润湿。

②将喂料斗提到坍落度筒上方扣紧,校正容器位置,使其中心与喂料中心重合,然后拧紧固定螺钉。

③把按要求取样或制作的混凝土拌合物试样用小铲分 3 层经喂料斗均匀地装入筒内。

④把喂料斗转离,垂直地提起坍落度筒,此时应注意不使混凝土试体产生横向的扭动。

⑤把透明圆盘转到混凝土圆台顶面，放松测杆螺钉，降下圆盘，使其轻轻接触到混凝土顶面。

⑥拧紧定位螺钉，并检查测杆螺钉是否已经完全放松。

⑦在开启振动台的同时用秒表计时，当振动到透明圆盘的底面被水泥浆布满的瞬间停止计时，关闭振动台。

⑧由秒表读出时间即为该混凝土拌合物的维勃稠度值，精确至 1s。

3.3.3　普通混凝土抗压强度的检测

1. 取样

普通混凝土的取样应符合《普通混凝土拌合物性能试验方法标准》（GB/T 50080—2002）中的有关规定，普通混凝土力学性能试验应以 3 个试件为 1 组，每组试件所用的拌合物应从同一盘混凝土或同一车混凝土中取样。

2. 设备

（1）试模　100mm × 100mm × 100mm、150mm × 150mm × 150mm、200mm × 200mm × 200mm 3 种试模。应定期对试模进行自检，自检周期宜为 3 个月。

（2）振动台　振动台应符合《混凝土试验用振动台》（JG/T 245—2009）中技术要求的规定并应具有有效期内的计量检定证书。

（3）压力试验机　压力试验机除满足液压式压力试验机中的技术要求外，其测量精度为 ±1%，试件破坏荷载应大于压力机全量程的 20%，且小于压力机全量程的 80%，还应具有加荷速度指示装置或加荷控制装置，并应能均匀、连续地加荷。压力机应该具有有效期内的计量检定证书。

（4）其他量具及器具

1）量程大于 600mm、分度值为 1mm 的钢板尺。

2）量程大于 200mm、分度值为 0.02mm 的卡尺。

3）符合《混凝土坍落度仪》（JG/T 248—2009）规定的直径为（16 ± 0.2）mm、长（600 ± 5）mm、端部呈半球形的捣棒。

3. 混凝土抗压强度试验

（1）试验目的　测定混凝土立方体抗压强度，作为评定混凝土质量的主要依据之一。

（2）主要仪器设备　压力试验机（200t）、振动台、搅拌机、试模、捣棒、抹刀等。

（3）试验步骤

1）基本要求。

①混凝土立方体抗压试件以 3 个为一组，每组试件所用的拌合物应从同一盘混凝土或同一车混凝土中取样。

②尺寸按粗集料的最大粒径来确定，见表 3-13。

2）成型。

①成型前，应检查试模，并在其内表面涂一薄层矿物油或脱模剂。

②坍落度不大于 70mm 宜采用振动台成型。其方法是将混凝土拌合物 1 次装入试模，装料时应用抹刀沿各试模壁插捣，并使混凝土拌合物高出试模，然后将试模放到振动台上并固定，开动振动台，至混凝土表面出浆为止。振动时试模不得有任何跳动，不得过振。最后沿

试模边缘刮去多余的混凝土，用抹刀抹平。

表3-13 试件尺寸、插捣次数及抗压强度换算系数

试 件 尺 寸	集料最大粒径/mm	每层插捣次数	抗压强度换算系数
100mm×100mm×100mm	≤31.5	12	0.95
150mm×150mm×150mm	≤40	25	1
200mm×200mm×200mm	≤63	50	1.05

③坍落度大于70mm宜采用捣棒人工捣实。其方法是将混凝土拌合物分两次装入试模，分层的装料厚度大致相等，插捣应按螺旋方向从边缘向中心均匀进行。在插捣底层混凝土时，插捣应达到试模底部；插捣上层混凝土时，捣棒应贯穿上层后插入下层20～30mm。插捣时捣棒应保持垂直，不得倾斜，然后用抹刀沿试模内壁插拔数次。每层插捣次数一般不得少于12次，插捣后应用橡皮锤轻轻敲击试模四周，直至插捣棒留下的空洞消失。最后刮去多余的混凝土并抹平。

3）试件的养护。试件的养护方法有标准养护和与构件同条件养护两种方法。

①采用标准养护的试件成型后应立即用不透水的薄膜覆盖表面，在温度为(20±5)℃的环境中静止1～2昼夜，然后编号拆模。拆模后立即放入温度为（20±2)℃，相对湿度为95%以上的标准养护室中养护，或在温度为（20±2)℃的不流动的Ca（OH)₂饱和溶液中养护。试件应放在支架上，其间隔为10～20mm。试件表面应保持潮湿，并不得被水直接冲淋，至试验龄期28d。

②同条件养护试件的拆模时间可与实际构件的拆模时间相同。拆模后，试件仍需保持同条件养护。

4）抗压强度的测定。

①试件从养护地点取出后，应及时进行试验并将试件表面与上下承压板面擦干净。

②将试件安放在试验机的下压板或垫板上，试件的承压面应与成型时的顶面垂直。试件的中心应与试验机下压板中心对准，开动试验机，当上压板与试件或钢垫板接近时，调整球座，使接触均衡。

③在试验过程中应连续均匀地加荷，混凝土强度等级小于或等于C30时，加荷速度取每秒钟0.3～0.5MPa；混凝土强度等级大于C30且小于或等于C60时，取每秒钟0.5～0.8MPa；混凝土强度等级大于C60时，取每秒钟0.8～1.0MPa。

④当试件接近破坏开始急剧变形时，应停止调整试验机油门，直至破坏，记录破坏荷载。

（4）结果计算与评定

1）混凝土立方体抗压强度按下式计算，精确至0.1MPa。

$$f = \frac{F}{A}$$

式中　f——混凝土立方体抗压强度（MPa）；
　　　F——试件破坏荷载（N）；
　　　A——试件承压面积（mm^2）。

2）评定。

①以 3 个试件测定值的算术平均值作为该组试件的强度值，精确至 0.1MPa。

②3 个测定值中的最大值或最小值中如有 1 个与中间值的差值超过中间值的 15%，则把最大值及最小值一并舍除，取中间值作为该组试件的抗压强度值。

③如最大值和最小值与中间值的差值均超过中间值的 15%，则该组试件的试验结果无效。

④混凝土强度等级小于 C60 时，用非标准试件测得的强度值均应乘以尺寸换算系数，其值对 200mm×200mm×200mm 试件为 1.05；对 100mm×100mm×100mm 试件为 0.95。当混凝土强度等级大于等于 C60 时，宜采用标准试件；使用非标准试件时，尺寸换算系数应由试验确定。混凝土强度试验记录见附录 E。

3.3.4　抗渗混凝土抗渗性能的检测

1）抗渗混凝土试件的制作与养护。抗渗性能试验应采用顶面直径为 175mm、底面直径为 185mm、高度为 150mm 的圆台或直径高度均为 150mm 的圆柱体试件。抗渗试件以 6 个为 1 组。

试件成型后 24h 拆模，用钢丝刷刷去上下两端面的水泥浆膜，然后进入标准养护室养护。试件一般养护至 28d 龄期进行试验，如有特殊要求，可在其他龄期进行（不超过 90d）。

2）抗渗混凝土的稠度试验与普通混凝土的稠度试验相同，每工作班至少检验两次。

3）抗渗混凝土的抗压强度检验，同普通混凝土的抗压强度检验。

4）抗渗性能试验所用设备应符合下列规定。

①混凝土抗渗仪应能使水压按规定的要求稳定地作用在试件上。

②辅助加压装置产生的压力以能把试件压入试件套内为宜。

5）抗渗性能试验应按下列步骤进行。

①试件养护至试验前一天取出，将表面晾干，然后将其侧面涂一层熔化的密封材料，随即在螺旋或其他加压装置上，将试件压入经烘箱预热过的试件套中，稍冷却后，即可解除压力，连同试件套装在抗渗仪上进行试验。

②试验从水压为 0.1MPa 开始，以后每隔 8h 增加 0.1MPa 水压，并且要随时注意观察试件端面的渗水情况。

③当 6 个试件中有 3 个试件端面呈有渗水现象时，即可停止试验，记下当时的水压。

④在试验过程中，如发现水从试件周边渗出，则应停止试验，重新密封。

6）抗渗混凝土试验结果的计算、评定。

混凝土的抗渗等级以每组 6 个试件中 4 个试件未出现渗水时的最大水压力进行计算，其计算公式为：

$$P = 10H - 1$$

式中　　P——抗渗等级；

　　　　H——6 个试件中 3 个渗水时的水压力（MPa）。

混凝土的抗渗等级应符合相应的国家标准和工程要求，不合格的应予以弃用。

课题 4　预拌混凝土及工作性能技术指标的检测

3.4.1　预拌混凝土

预拌混凝土是指由水泥、集料、水以及根据需要掺入的外加剂和掺合料等组分按一定比例，在集中搅拌站（厂）经计量、拌制后出售，并采用运输车，在规定时间内运至使用地点的混凝土拌合物。

1. 产品分类及标记

预拌混凝土分为通用品和特制品两类。

（1）通用品　通用品是指强度等级不超过 C40、坍落度不大于 150mm、粗集料最大粒径不大于 40mm、并无特殊要求的预拌混凝土。通用品应在合同中指定混凝土强度等级、坍落度及粗集料最大粒径，其值可按下列范围选取。

强度等级：不大于 C50。

坍落度（mm）：25，50，80，100，120，150。

粗集料最大粒径（mm）：不大于 40mm 的连续粒级或单粒级。

通用品根据需要应在合同中指定下列事项：

1）水泥品种、标号。

2）外加剂品种。

3）掺合料品种、规格。

4）混凝土拌合物的表观密度。

5）交货时混凝土拌合物的最高温度或最低温度。

（2）特制品　特制品是指超出通用品规定范围或有特殊要求的预拌混凝土。特制品应在合同中指定混凝土的强度等级、坍落度及粗集料最大粒径。对混凝土强度等级和坍落度除按通用品规定的范围外，尚可按下列范围选取。

强度等级：C45，C50，C55，C60，C65，C70，C75，C80。

坍落度（mm）：180，200。

特制品根据需要应在合同中指定下列事项：

1）水泥品种、强度等级。

2）外加剂品种。

3）掺合料品种、规格。

4）混凝土拌合物的表观密度。

5）交货时混凝土拌合物的最高温度或最低温度。

6）混凝土强度的特定龄期。

7）氯化物总含量限值。

8）含气量。

9）其他事项。其他事项是指对预拌混凝土有耐久性能、长期性能或其他物理力学性能等特殊要求的事项。

（3）标记　标记是指用于预拌混凝土标记的符号，应根据其分类及使用材料的不同按下列规定选用：

1）预拌混凝土分类符号。通用品以符号 A 表示，特制品以符号 B 表示。

2）水泥品种以表 3-14 的符号表示。

表 3-14　水泥品种符号

水泥品种	符号	水泥品种	符号
硅酸盐水泥	P.Ⅰ、P.Ⅱ	火山灰质硅酸盐水泥	P.P
普通硅酸盐水泥	P.O	粉煤灰硅酸盐水泥	P.F
矿渣硅酸盐水泥	P.S	复合硅酸盐水泥	P.C

3）粗集料最大粒径符号，是在所选定的粗集料最大粒径值（mm）之前加大写英文字母 GD。

4）坍落度符号，直接用所选定的混凝土坍落度值（mm）表示。

预拌混凝土类别、强度等级、坍落度、粗集料最大粒径和水泥品种等符号的组合如下所示。标记示例：

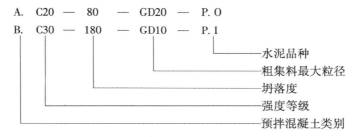

2. 技术要求

（1）原材料

1）水泥。水泥应符合《通用硅酸盐水泥》（GB 175—2007/XG1—2009）及其他相应标准的规定。水泥进货时必须具有质量证明书，对进厂水泥应按批检验其强度和体积安定性，合格后方可使用。

2）集料。集料应符合《普通混凝土用砂、石质量及检验方法标准》（JGJ 52—2006）的规定。预拌混凝土应采用砂石生产场或材料供应站供应的集料，并应具有质量证明书。对进厂集料应根据《普通混凝土用砂、石质量及检验方法标准》（JGJ 52—2006）的规定按批进行复验，合格后方可使用。

3）拌合用水。拌制混凝土用水，应符合《混凝土用水标准》（JGJ 63—2006）的规定。

4）外加剂。外加剂应符合《混凝土外加剂》（GB 8076—2008）的规定：外加剂必须经过技术鉴定，并应具有质量证明书，其掺量及水泥的适应性应按《混凝土外加剂应用技术规范》（GB 50119—2003）的规定通过试验确定。

5）掺合料。粉煤灰掺合料应符合《用于水泥和混凝土中的粉煤灰》（GB/T 1596—2005）的规定。粉煤灰应具有质量证明书，其掺量应按《粉煤灰混凝土应用技术规程》（DG/TJ 08—230—2006）的规定通过试验确定。当采用其他品种掺合料时，必须经过鉴定，并应在使用前进行试验验证。

（2）质量

1）强度。预拌混凝土的强度应符合《混凝土强度检验评定标准》（GB/T 50107—2010）的规定。

2）坍落度。在交货地点测得的混凝土坍落度与合同规定的坍落度之差，不应超过表3-15的允许偏差。

表 3-15　坍落度允许偏差　　　　　　　　　　　（单位：mm）

规定的坍落度	允 许 偏 差	规定的坍落度	允 许 偏 差
≤40	±10	≥100	±30
50 ~ 90	±20		

3）含气量。含气量与合同规定值之差不应超过 ±1.5%。

4）氯化物总含量。混凝土拌合物中氯化物总含量不应超过合同指定值，当合同未指定时，不应超过表3-16的规定。

表 3-16　混凝土拌合物中氯化物（以 Cl⁻ 计）总含量的最高限值

结构种类及环境条件	预应力混凝土及处于腐蚀环境中钢筋混凝土结构或构件中的混凝土	处于潮湿而不含有氯离子环境中的钢筋混凝土结构或构件中的混凝土	处于干燥环境或有防潮措施的钢筋混凝土结构或构件中的混凝土	素混凝土
混凝土拌合物中氯化物总含量最高限值（按水泥用量的百分比计）	0.06	0.10	0.30	1.00

5）其他。当需方对混凝土其他性能有要求时，应按有关标准规定进行试验。其结果应符合合同规定。

（3）混凝土配合比　预拌混凝土配合比设计应由供方按《混凝土强度检验评定标准》（GB/T 50107—2010）、《普通混凝土配合比设计规程》（JGJ 55—2011）、《粉煤灰混凝土应用技术规程》（DG/TJ 08—230—2006）以及合同要求的有关规定进行，但对坍落度的确定应考虑混凝土在运输过程中的损失值。

当出现下列情况之一时，供方应对混凝土配合比重新进行设计：

1）合同有要求时。

2）所用原材料的产地或品种有显著变化时。

3）该配合比的混凝土生产间断半年以上时。

（4）计量设备　计量设备的精度应满足《混凝土搅拌站》（GB/T 10171—2005）的有关规定，计量设备应具有法定计量部门签发的有效合格证，计量设备必须能连续计量不同配合比混凝土的各种材料。材料的计量允许偏差不应超过表3-17规定的范围。

表 3-17　混凝土原材料计量允许偏差

原材料品种	水泥	集料	水	外加剂	掺合料
每盘计量允许偏差（%）	±2	±3	±2	±2	±2
累计计量允许偏差（%）	±1	±2	±1	±1	±1

注：累计计量允许偏差，是指每一运输车中各盘混凝土每种材料的计量偏差。该项指标适用于采用微机控制计量的搅拌站。

（5）检验项目　通用品应检验混凝土强度和坍落度；特制品除应检验强度和坍落度项目外，还应按合同规定检验其他项目；对有含气量检验要求的混凝土，应检验其含气量。

（6）取样与组批

1）用于交货检验的混凝土试样应在交货地点采取；用于出厂检验的混凝土试样应在搅拌地点采取。

2）交货检验混凝土试样的采取和坍落度的检测应在混凝土运送到交货地点后按《普通混凝土拌合物性能试验方法标准》（GB/T 50080—2002）的规定在 20min 内完成；强度试件的制作应在 40min 内完成。

3）每个试样应随机地从 1 盘或 1 辆运输车中抽取；混凝土试样应从卸料过程中卸料量的 1/4 至 3/4 之间采取。

4）每个试样量应满足混凝土质量检验项目所需用量的 1.5 倍，且不宜少于 0.02m³。

5）混凝土强度检验的试样，其取样频率和组批条件应按下列规定进行：

①用于出厂检验的试样，每 100 盘相同配合比的混凝土取样不得少于 1 次；每 1 个工作班拌制的相同配合比的混凝土不足 100 盘时，取样也不得少于 1 次。

②用于交货检验的试样，每 100³ 相同配合比的混凝土取样不得少于 1 次；每 1 个工作班拌制的相同配合比的混凝土不足 100m³ 时，取样也不得少于 1 次。当在 1 个分部工程中连续供应相同配合比的混凝土量大于 1000m³ 时，其交货检验的试样每 200m³ 混凝土取样不得少于 1 次。

③混凝土试样的组批条件，应符合《混凝土强度检验评定标准》（GB/T 50107—2010）的规定。

6）混凝土拌合物的质量，每车应目测检查。混凝土坍落度检验试样，每 100m³ 相同配合比的混凝土取样检验不得少于 1 次；当 1 个工作班相同配合比的混凝土不足 100m³ 时，其取样检验也不得少于 1 次。

7）混凝土拌合物的含气量、氯化物总含量和特殊要求项目的取样检验频率应按合同规定进行。

3.4.2　泵送混凝土

1. 泵送混凝土原材料

（1）水泥　水泥宜选用通用硅酸盐水泥、矿渣硅酸盐水泥和粉煤灰硅酸盐水泥。拌制泵送混凝土所用的水泥应符合国家现行标准：《通用硅酸盐水泥》（GB 175—2007/XG1—2009）的相关规定。

（2）集料　粗集料最大粒径与输送管径之比：泵送高度在 50m 以下时，对碎石不宜大于 1:3，对卵石不宜大于 1:2.5；泵送高度在 50~100m 时，宜在 1:3~1:4；泵送高度在 100m 以上时，宜在 1:4~1:5。

粗、细集料应符合国家现行标准《普通混凝土用砂、石质量及检验方法标准》（JGJ 52—2006）的规定。粗集料应采用连续级配，针、片状颗粒含量不宜大于 10%。细集料宜采用中砂，通过 0.315mm 筛孔的砂，不应少于 15%。

（3）拌合用水　拌制泵送混凝土所用的水，应符合国家现行标准《混凝土用水标准》（JGJ 63—2006）的规定。

（4）外加剂　泵送混凝土掺用的外加剂，应符合国家现行标准《混凝土外加剂》（GB 8076—2008）、《混凝土外加剂应用技术规范》（GB 50119—2003）、《混凝土防冻泵送剂》（JG/T 377—2012）和《预拌混凝土》（GB/T 14902—2003）的有关规定。

（5）掺合料　泵送混凝土宜掺适量粉煤灰，并应符合国家现行标准《用于水泥和混凝土中的粉煤灰》（GB/T 1596—2005）、《粉煤灰混凝土应用技术规程》（DG/TJ 08—230—2006）和《预拌混凝土》（GB/T 14902—2003）的有关规定。

2. 泵送混凝土配合比

泵送混凝土配合比设计中，胶凝材料用量不宜小于 $300kg/m^3$，砂率宜为 35% ~ 45%。除必须满足混凝土设计强度和耐久性的要求外，尚应使混凝土满足可泵性要求。混凝土的可泵性，可用压力泌水试验结合施工经验进行控制。一般 10s 时的相对压力泌水率 S_{10} 不宜超过 40%。

泵送混凝土的坍落度，可按国家现行标准《混凝土结构工程施工质量验收规范》（GB 50204—2002）的规定选用。对不同泵送高度，入泵时混凝土的坍落度，可按表 3-18 选用。混凝土经时坍落度损失值，可按表 3-19 确定。泵送混凝土出机到泵送时间段内的坍落度经时损失控制在 30mm/h 以内较好。

表 3-18　不同泵送高度入泵时混凝土坍落度选用值

泵送高度/m	30 以下	30 ~ 60	60 ~ 100	100 以上
坍落度/mm	100 ~ 140	140 ~ 160	160 ~ 180	180 ~ 200

表 3-19　混凝土经时坍落度损失值

大气温度/℃	10 ~ 20	20 ~ 30	30 ~ 35
混凝土经时坍落度损失值（掺粉煤灰和木钙，经时 1h）	5 ~ 25	25 ~ 35	35 ~ 50

注：掺粉煤灰与其他外加剂时，坍落度经时损失值可根据施工经验确定；无施工经验时，应通过试验确定。

3. 泵送混凝土工作性检测方法

在实验室或现场检测混凝土的工作性（可泵性），宜采用下列方法：

1）用坍落度筒测定拌合物的坍落度 S、坍落扩展度 D。

2）用倒置的坍落度筒测定筒内拌合物自由下落的排空时间。

3）用 L 型流动仪测定拌合物的流速 v_0。

在一般情况下，宜同时测定 S、D、t_s 或 S、D、V_0 三个指标，对混凝土拌合物的工作性进行综合评定或对不同拌合物的工作性作相对比较。用坍落度筒测定混凝土的坍落度和扩散度时，可参照《普通混凝土拌合物性能试验方法标准》（GB 50081—2002），拌合物粗集料的粒径不应大于 25mm，坍落度不应小于 140mm。

4. 试验方法

（1）仪器设备

1）强制式混凝土搅拌机。

2）坍落度筒、捣棒、抹刀（与普通混凝土坍落度试验相同）。

3）测定坍落度的配套工具及底板。

（2）试验步骤

1）拌合物的总需用量为30L（不少于25L）。

2）测定混凝土拌合物的坍落度S，以mm计。

3）测定混凝土拌合物的坍落扩展度D，取2个垂直方向的平均值，以mm计，并记录坍落度筒提起到扩展稳定的时间。

4）用倒置的坍落度筒测定筒内拌合物自由下落的排空时间，适用于坍落度不小于140mm的拌合物，粗集料的粒径不应大于25mm。具体试验方法如下：

①仪器设备。同上面的规定。另需设置专门的支架，将坍落度筒倒置于支架上，小口朝下，距底板500mm。筒底（小口）处装一可抽出的底板，同时配备秒表。

②试验步骤。将拌合物分3次装入筒内，每次插捣15下，将上口抹平，快速抽出底板，测定拌合物自筒内流出至排空的时间t_s。

（3）结果分析　　如t_s在5~25s范围内且坍落扩展度D大于500mm，则可认为工作性（可泵性）良好；如t_s小于5s或大于25s，应适当调整配合比或采取其他措施。

课题5　其他品种混凝土

3.5.1　轻混凝土

轻混凝土是指干密度小于1950kg/m³的混凝土，是一种轻质、高强、多功能的新型混凝土。它在减轻结构重量，增大构件尺寸，改善建筑物保温和防震性能，降低工程造价等方面显示出了较好的技术经济效果，因此获得了较快发展。

轻混凝土按其原料与制造方法的不同可分为轻集料混凝土、多孔混凝土和大孔混凝土。

1. 轻集料混凝土

（1）轻集料混凝土的定义

凡是由轻粗集料，轻细集料（或普通砂），水泥和水配制而成的轻混凝土（粗、细集料均为轻集料）和轻砂混凝土（细集料全部或部分为普通砂），统称为轻集料混凝土。

轻集料混凝土所用轻集料孔隙率高，表观密度小，吸水率大，强度低。

（2）轻集料的分类

1）按来源可分为三类。

①工业废料轻集料——以工业废料为原料，经加工而成的轻集料，如粉煤灰、陶粒、膨胀矿渣珠、煤渣及轻砂等。

②天然轻集料——天然形成的多孔岩石，经加工而成的轻集料，如浮石、火山渣及轻砂等。

③人造轻集料——以地方材料为原料，经加工而成的轻集料，如页岩陶粒、黏土陶粒、膨胀珍珠岩等。

2）轻集料按粒径大小分类：分为轻粗集料和轻细集料（或称轻砂）。轻粗集料的粒径大于5mm，堆积密度小于1000kg/m³；轻细集料的粒径小于5mm，堆积密度小于1200kg/m³。

（3）轻集料混凝土的特点　　与普通混凝土相比，轻集料混凝土有如下特点：表观密度低；弹性模量低，所以抗震性能好；热膨胀系数较小；抗渗、抗冻和耐久性能良好；导热系数低，保温性能好。

（4）轻集料混凝土的应用　轻集料混凝土在工业与民用建筑中可用于保温、结构保温和结构承重三方面。由于其结构自重小，所以特别用于高层和大跨度结构（见表3-20）。

表3-20　轻集料混凝土的应用

类别名称	混凝土强度等级的合理范围	混凝土密度等级的合理范围	用　途
保温轻集料混凝土	LC5.0	≤800	主要用于保温的围护结构或热工构筑物
结构保温轻集料混凝土	LC5.0 LC7.5 LC10 LC15	800～1400	主要用于既承重又保温的围护结构
结构轻集料混凝土	LC15 LC20 LC25 LC30 LC35 LC40 LC45	1400～1900	主要用于承重构件或构筑物

2. 多孔混凝土

（1）多孔混凝土的定义　多孔混凝土是一种内部均匀分布细小气孔而无集料的混凝土。

（2）多孔混凝土的分类　按形成气孔的方法分为以下两类。

1）加气混凝土。以含钙材料（石灰、水泥）、含硅材料（石英砂、粉煤灰等）和发泡剂（铝粉）为原料，经磨细、配料、搅拌、浇筑、发泡、静停、切割和压蒸养护（在0.8～1.5MPa，175～203℃下养护6～28h）等工序生产而成，一般预制成条板或砌块。加气混凝土的表观密度约为300～1200kg/m³，抗压强度约为1.5～5.5MPa，导热系数约为0.081～0.29W/（m·K）。

加气混凝土孔隙率大，吸水率大，强度较低，保温性能好，抗冻性能差，常用作屋面板材料和墙体材料。

2）泡沫混凝土。泡沫混凝土是指将水泥浆和泡沫剂拌和后，经硬化而成的一种多孔混凝土。其表观密度为300～500kg/m³，抗压强度为0.5～0.7MPa，可以现场直接浇筑，主要用于压面保温层。泡沫混凝土在生产时，常采用蒸汽养护或压蒸养护。当采用自然条件养护时，水泥强度等级不宜低于32.5MPa，否则强度很低。

3. 大孔混凝土

（1）大孔混凝土的定义　大孔混凝土是指以粒径相近的粗集料、水泥、水（有时加入外加剂）配制而成的混凝土。由于没有细集料，因此在混凝土中形成许多大孔。按所用集料的种类不同，分为普通大孔混凝土和轻集料大孔混凝土。

（2）大孔混凝土的应用　普通大孔混凝土的表观密度一般为1500～1950kg/m³，抗压强度为 3.5 ～ 10MPa，多用于承重及保温的外墙体。轻集料大孔混凝土的表观密度为 500 ～ 1500kg/m³，抗压强度为 1.5 ～ 7.5MPa，适用于非承重的墙体。大孔混凝土的导热系数小，保温性能好，吸湿性能小，收缩较普通混凝土小 20% ～ 50%，抗冻性可达 15 ～ 20 次，适用于墙体材料。

3.5.2　防水混凝土（抗渗混凝土）

（1）防水混凝土的定义　通过各种方法提高混凝土的抗渗性能，使其抗渗等级等于或大于 P6 级的混凝土。

（2）混凝土抗渗等级的选择　混凝土抗渗等级的要求是根据其最大作用水头（即该处在自由水面以下的垂直深度）与建筑最小壁厚的比值来确定的，见表 3-21。

表 3-21　防水混凝土抗渗等级的选择

最大作用水头与混凝土最小壁厚之比	设计抗渗等级	最大作用水头与混凝土最小壁厚之比	设计抗渗等级
<5	P4	16 ～ 20	P10
5 ～ 10	P6	>20	P12
11 ～ 15	P8		

（3）防水混凝土的分类　按配制方法的不同，大体可分四类：富水泥浆法防水混凝土、引气剂防水混凝土、密实剂防水混凝土和膨胀水泥防水混凝土。

1）普通防水混凝土（又称富水泥浆法防水混凝土）。此法是采用调整配合比来提高混凝土的抗渗性。具体方法是：

①采用渗透性小的集料。

②尽量减小水胶比。

③适当提高水泥用量，砂率和灰砂比（即水泥质量与砂质量之比），以保证在粗集料周围形成足够厚度的砂浆层，避免粗集料直接接触形成互相连通的渗水孔网。

④这种抗渗混凝土应符合下列规定。

a）抗渗混凝土最大水胶比的限值见表 3-22。

表 3-22　抗渗混凝土最大水胶比的限值

抗渗等级	最　大　水　胶　比	
	C20 ～ C30 混凝土	C30 以上混凝土
P6	0.60	0.55
P8 ～ P12	0.55	0.50
>P12	0.50	0.45

b）水泥强度等级不宜小于 42.5，水泥用量不宜小于 325kg。

c）粗集料最大粒径不宜大于 40mm，砂率宜为 35% ～ 40%。

2）引气剂防水混凝土。常用的引气剂是松香热聚物，也可用松香皂和氯化钙的复合外加剂。加入引气剂使混凝土内产生微小的封闭气泡，它们填充了混凝土孔隙，隔断了渗水通道，从而提高混凝土的密实性和抗渗性。

3）密实剂防水混凝土。密实剂一般用氢氧化铁或氢氧化铝的溶液制成。这些溶液是不溶于水的胶状物质，因而能堵塞混凝土内部的毛细管及孔隙，从而提高混凝土的密实性和抗渗性。

常用氯化铁作密实防水剂，氯化铁与水泥水化析出的氢氧化钙可生成氢氧化铁胶体，如下式所示。

$$2FeCl_3 + 3Ca(OH)_2 = 2Fe(OH)_3 + 3CaCl_2$$

加密实剂的防水混凝土常用于抗渗性要求较高的混凝土，如高水压容器或储油罐等。其缺点是造价较高，且掺量 >3% 时，对钢筋锈蚀及混凝土干缩（指混凝土硬化时的体积收缩）影响较大。

4）膨胀水泥防水混凝土。用膨胀水泥配制的防水混凝土，因膨胀水泥在水化过程中形成大量的钙矾石，而产生膨胀。在有约束的条件下，膨胀水泥防水混凝土能改善混凝土的孔结构，使毛细孔减少，孔隙率降低，从而提高混凝土的密实度和抗渗性。

提高混凝土抗渗性的方法还有掺加减水剂和三乙醇胺；提高普通混凝土本身的密实度等。

防水混凝土主要用于有防水抗渗要求的水工构筑物、给排水构筑物（如水池和水塔等）、地下构筑物，以及有防水抗渗要求的屋面。

3.5.3　聚合物混凝土

（1）聚合物混凝土的定义　凡在混凝土组成材料中掺入聚合物的混凝土，统称为聚合物混凝土。

（2）聚合物混凝土的分类　一般可分为三种：

1）聚合物水泥混凝土。它是以水乳性聚合物（如天然或合成橡胶乳液、热塑性树脂乳液等）和水泥为胶凝材料，并掺入砂或其他集料而制成的。这种聚合物能均匀分布于混凝土内，填充水泥水化物和集料之间的孔隙，并与水泥水化物结合成一个整体，使混凝土的密实度得到提高。与普通混凝土相比，聚合物水泥混凝土具有较好的耐久性、耐磨性、耐腐蚀性和耐冲击性等。目前，聚合物水泥混凝土主要用于现场灌注无缝地面、耐腐蚀性地面、桥面，以及修补混凝土工程。

2）聚合物胶结混凝土。聚合物胶结混凝土又称树脂混凝土，是以合成树脂为胶结材料，以砂、石为集料的一种聚合物混凝土。树脂混凝土与普通混凝土相比，具有强度高、耐腐蚀、耐磨、抗冻性好等优点，缺点是硬化时收缩大和耐久性差。由于目前成本较高，只能用于特殊工程（如耐腐蚀工程、修补混凝土构件及堵缝材料等）。此外，树脂混凝土可做成美观的装饰材料，又称人造大理石，如桌面、地面砖、浴缸等。

3）聚合物浸渍混凝土。聚合物浸渍混凝土是以混凝土为基材（被浸渍的材料），将有机单体渗入混凝土中，然后再用加热或放射线照射的方法让其聚合，使混凝土与聚合物形成一个整体。

最常用的单体是甲基丙烯酸甲酯、苯乙烯、丙烯氰等。此外，还需加入催化剂和交联剂等。

在聚合物浸渍混凝土中，聚合物填充了混凝土内部的空隙，提高了混凝土的密实度，使混凝土抗渗、抗冻、耐蚀、耐磨、抗冲击等性能都得到了显著提高。另外这种混凝土抗压强度可达 150MPa 以上，抗拉强度可达 24.0MPa。

目前，由于聚合物浸渍混凝土造价较高，实际应用时主要利用其高强度、高耐蚀性，制作一些特殊构件，如液化天然气储罐、海洋构筑物及原子反应堆等。

3.5.4　纤维混凝土

（1）纤维混凝土的定义　以普通混凝土为基材，将短且细的分散性纤维，均匀地撒布在普通混凝土中制成。掺入短纤维的目的，主要是提高混凝土的抗拉及抗冲击等性能与降低混凝土的脆性。

（2）常用短纤维的分类　常用短纤维分为两类，一类是高弹性模量纤维，如钢纤维、玻璃纤维和碳纤维等；另一类是低弹性模量纤维，如尼龙纤维、聚乙烯纤维和聚丙烯纤维等。低弹性模量纤维能提高冲击韧性，但对抗拉强度影响不大；高弹性模量纤维能显著提高抗拉强度。

在纤维混凝土中，纤维的掺量、长径比、分布情况及耐碱性，对其性能的影响也是很大的。以钢纤维为例，从理论上讲，无论是抗弯强度还是抗拉强度都随含纤率的增大而增大。钢纤维的长径比以 60~100 为宜。钢纤维的形状一般有平直状、波纹状和两头带钩状等，在应用时尽可能选取有利于和基体粘结的纤维形状。钢纤维混凝土一般可提高抗拉强度 2 倍左右；抗弯强度可提高 1.5~2.5 倍；抗冲击强度可提高 5 倍以上，甚至可达 20 倍；延性可提高 4 倍左右，韧性可达 100 倍以上。

目前纤维混凝土已用于路面、桥面、飞机跑道、管道、屋面板和墙板等方面。

3.5.5　高强混凝土

（1）高强混凝土的定义　人们常将强度等级大于或等于 C60 的混凝土称为高强混凝土。强度等级超过 C100 的混凝土称为超高强混凝土。

目前，我国实际应用的高强混凝土为 C60~C100，主要用于混凝土桩基、预应力轨枕、电杆、大跨度薄壳结构、桥梁和输水管等。

（2）高强混凝土的特点

1）高强混凝土的抗压强度高，变形小，能适应大跨度结构、重载受压构件及高层结构。

2）在相同的受力条件下能减少构件体积，降低钢筋用量。

3）高强混凝土致密坚硬，耐久性能好。

4）高强混凝土的脆性比普通混凝土高。

5）高强混凝土的抗拉、抗剪强度随抗压强度的提高而有所增长，但拉压比和剪压比都随之降低。

（3）提高高强混凝土的途径　提高混凝土强度的途径很多，通常是同时采用几种技术措施，增加效果显著。目前常用的措施有以下几种。

1）提高混凝土本身的密实度。如采用高强水泥；掺加高效减水剂；掺加优质掺合料（如硅灰、超细粉煤灰等）及聚合物；大幅度降低水胶比；加强振捣等。

①在水泥方面，由于高强混凝土强度高，水胶比低，所以采用硅酸盐水泥或普通硅酸盐

水泥，无论从技术上还是经济上来说，都比较合理：胶砂强度较高，适合配制高强度等级混凝土；混合材料掺量应较少，可掺加较多的矿物掺合料来改善高强混凝土的施工性能。

②在集料方面，如果粗集料粒径太大或（和）针片状颗粒含量较多，都不利于混凝土中集料的合理堆积和应力的合理分布，将会直接影响混凝土的强度，也会影响混凝土拌合物的性能；细度模数为 2.6 ~ 3.0 的细集料最适用于高强混凝土，使胶凝材料较多的高强混凝土中总体材料的颗粒级配更加合理；若集料含泥（包括泥块）较多，将明显影响高强混凝土的强度。

③在减水剂方面，目前采用具有高减水率的聚羧酸高性能减水剂配制高强混凝土相对较多。其主要优点是减水率高，大都不低于 28%；混凝土拌合物保塑性较好，混凝土收缩较小。在矿物掺合料方面，采用复合掺用粒化高炉矿渣粉和粉煤灰配制高强混凝土比较普遍，对于强度等级不低于 C80 的高强混凝土，复合掺用粒化高炉矿渣粉、粉煤灰和硅灰比较合理，硅灰掺量一般为 3% ~ 8%。

2）优化配合比。近年来，高强混凝土的研究越来越多，工程应用也逐渐增多，根据国内外研究和工程应用的经验和成果，推荐的高强混凝土配合比参数范围对高强混凝土配合比设计具有指导性的意义。

①高强混凝土水胶比的变化对其强度的影响，比一般强度等级混凝土更为敏感。因此，在试配的强度试验中，三个不同配合比的水胶比间距为 0.02 比较合理。

②因为高强混凝土强度的稳定性和用于结构的重要性受到高度重视，所以对高强混凝土配合比进行复验是十分有必要的。

③采用标准试件测定高强混凝土的抗压强度最为合理。最后按强度试验结果中略超过配制强度的配合比确定为混凝土设计配合比。

3）加强生产质量管理，严格控制每个生产环节。

3.5.6 流态混凝土与泵送混凝土

（1）流态混凝土

1）定义。流态混凝土是指坍落度为 180 ~ 220mm，同时还具有良好的黏聚性和保水性的混凝土。流态混凝土一般是在坍落度为 80 ~ 120mm 的基准混凝土（未掺硫化剂的混凝土）中掺入硫化剂而获得的。流态混凝土所用的硫化剂属于高效减水剂，目前国内主要有萘系和树脂系高效减水剂。硫化剂可采用同掺法或后掺法加入。

2）特点。流态混凝土的主要特点是流动性大，具有自流密实性，成型时不需振捣或只需很小的振捣力，并且不会出现离析、分层和泌水现象。流态混凝土可大大改善施工条件，减少劳动量，且施工效率高、工期短。由于使用了硫化剂，虽然流态混凝土的流动性很大，但其用水量与水胶比仍较小，因而易获得高强、高抗渗性及高耐久性混凝土。

（2）泵送混凝土　泵送混凝土是指可在施工现场通过压力泵及输送管道进行浇筑的混凝土。其水泥用量不宜小于 270kg/m³，且应掺加适量的混凝土掺合料；最大粒径一般不宜超过 40mm 或需要控制 40mm 以上的含量，粗、细集料含量应较高，一般情况下水泥与小于 0.315mm 的细集料的总和不宜少于 400 ~ 450kg/m³；混凝土的砂率应较一般混凝土高 5% ~ 10%。

流态与泵送混凝土主要用于高层建筑和大型建筑等的基础、楼板、墙板及地下工程等。

流态混凝土还特别适合用于配筋密列、混凝土浇筑或振捣困难的部位。

单 元 小 结

混凝土是建筑工程用量最多的建筑材料，其基本组分是水泥、砂、石、水、矿物掺合料及外加剂组成。科学合理的混凝土配合比是保证混凝土优良性能的必要条件。混凝土拌合物的和易性是衡量混凝土工作性的主要指标，而混凝土 28d 强度是衡量混凝土质量的重要指标。外加剂的加入改善了混凝土的性能，提高了混凝土的工作性、耐久性和经济性。

【复习思考题】

3-1　什么是混凝土？混凝土的基本组分有哪些？

3-2　混凝土相比其他建筑材料有哪些优缺点？

3-3　混凝土拌合物的和易性包括哪些性能？各种性能如何测试？

3-4　如何测试混凝土拌合物的坍落度值？有哪些注意事项？

3-5　影响混凝土配合比的主要因素有哪些？

3-6　对混凝土的养护条件有哪些规定？

3-7　压混凝土试块时，其加荷速度如何确定？

3-8　某工地混凝土施工时，$1m^3$ 混凝土各材料用量为：水泥 305kg，水 128kg，河砂 700kg，碎石 1275kg，其中砂含水率为 3%。求该混凝土的试验室配合比。

3-9　下列几组混凝土试件，养护 28d 后进行抗压强度试验，测得的破坏荷载（kN）如下，试计算各组的抗压强度，并评定其强度等级。

①试块尺寸为 100mm × 100mm × 100mm，破坏荷载为 368kN、372kN、402kN。

②试块尺寸为 150mm × 150mm × 150mm，破坏荷载为 980kN、820kN、1100kN。

③试块尺寸为 150mm × 150mm × 150mm，破坏荷载为 525kN、580kN、600kN。

3-10　现场浇筑混凝土时，严禁施工人员随意向混凝土拌合物中加水，试从理论上分析加水对混凝土质量的危害。它与混凝土成型后的洒水养护有无矛盾？为什么？

3-11　分析下列各措施，是否可以在不增加水泥用量的条件下提高混凝土的强度？为什么？

①尽可能增大粗集料的最大粒径。②采用最佳砂率。③采用较细的砂。④采用蒸汽养护。⑤改善砂、石的级配。⑥适当加强机械振捣。⑦掺入减水剂。⑧掺入早强剂。

单元 4　建筑砂浆的性能检测

【单元概述】

本单元主要讲述砂浆的种类、砂浆的性能指标、砂浆配合比的设计、砂浆拌合物性能检测和砂浆力学性能检测，简单介绍抹灰砂浆、装饰砂浆等。

【学习目标】

掌握砌筑砂浆的定义、类别、用途及配合比设计；熟悉砌筑砂浆主要技术指标的检验方法和试验，并能独立完成试验报告。

课题 1　建筑砂浆概述

建筑砂浆是由胶结料、细集料、掺加料、外加剂和水配制而成的建筑工程材料，在建筑工程中起粘结、衬垫和传递应力的作用。砂浆和混凝土在组成上的差别在于不含粗集料。按胶凝材料的不同分为水泥砂浆、石灰砂浆、混合砂浆；按其用途的不同分为砌筑砂浆、特种砂浆、装饰砂浆、抹面砂浆。砂浆的分类如图 4-1 所示。

4.1.1　砌筑砂浆

（1）砌筑砂浆的定义　凡用于砌筑砖、石砌体或各种砌块、混凝土构件接缝等的砂浆，统称为砌筑砂浆。

（2）砌筑砂浆的组成材料

1）水泥。砌筑砂浆用水泥的强度等级应根据设计要求进行选择。M15 及以下强度等级的砌筑砂浆宜选用 32.5 级的通用硅酸盐水泥或砌筑水泥；M15 及以上强度等级的砌筑砂浆宜选用 42.5 级通用硅酸盐水泥。

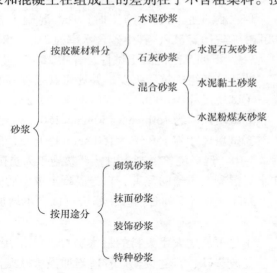

图 4-1　砂浆的分类

2）砂。砌筑砂浆用砂宜选用中砂，其中毛石砌体宜选用粗砂。砂的含泥量不应超过 5%。强度等级为 M2.5 的水泥混合砂浆，砂的含泥量不应超过 10%。

3）掺合料及外加剂。为了改善砂浆的和易性，节约水泥和砂浆的用量，可在砂浆中掺入部分掺合料或外加剂，掺合料或外加剂的使用应符合《砌筑砂浆配合比设计规程》（JGJ/T 98—2010）的要求。

4）水。配制砂浆用水应符合现行行业标准《混凝土用水标准》（JGJ 63—2006）的规定。

4.1.2 抹灰砂浆

抹灰砂浆也称抹面砂浆，抹灰砂浆主要是以薄层涂抹于建筑物表面，对建筑物既可起到保护墙体不受风雨、潮气等侵蚀，提高墙体防潮、防风化、防腐蚀能力的作用，又可以起到一定的装饰作用，使其表面平整、光洁美观。抹灰砂浆按功能不同可分为一般抹灰砂浆、装饰抹灰砂浆、防水砂浆和具有某些特殊功能的砂浆。

（1）一般抹灰砂浆 一般抹灰砂浆施工时通常分 2~3 层施工，即底层、中层和面层。底层抹灰主要是增加抹灰层和基层的粘结力，因此，底层的砂浆应具有良好的和易性及较高的粘结力；中层抹灰的主要作用是找平；面层抹灰则是起装饰作用，使表面美观。对砖墙及混凝土墙、梁、柱、顶板等底层、面层多用混合砂浆，在容易碰撞或潮湿的地方如踢脚板、墙裙、窗口、地坪等处则采用水泥砂浆。

（2）装饰砂浆 装饰砂浆用于建筑物室内外装饰，以增加建筑物美感为主要目的，同时使建筑物具有特殊的表面形式及不同的色彩和质感，以满足艺术审美的需要。

装饰砂浆所采用的胶结材料有矿渣水泥、普通水泥、白水泥、各种彩色水泥及石膏等。集料则常用浅色或彩色的大理石、天然砂、花岗石的石屑或陶瓷的碎粒等。

装饰砂浆的表面可进行各种艺术处理，以达到不同的风格及不同的建筑艺术效果，如水磨石、水刷石、拉毛灰及人造大理石等。

（3）防水砂浆 防水砂浆是水泥砂浆中掺入防水剂，用于制作刚性防水层的砂浆，适用于不受振动和具有一定刚度的防水工程。

防水砂浆宜采用强度等级不低于 32.5 的普通水泥、42.5 的矿渣水泥或膨胀水泥，集料宜采用中砂或粗砂，质量应符合混凝土用砂标准。

常用防水剂的品种主要有水玻璃类、金属皂类和氯化物金属盐类等。

4.1.3 预拌砂浆

预拌砂浆是指由水泥、砂、保水增稠材料、水、粉煤灰或其他矿物掺合料和外加剂等组成，按一定比例，在集中搅拌站经计量、拌制后，用搅拌运输车运至使用地点，放入密封容器储存，并在规定时间内完成的砂浆拌合物。

4.1.4 干粉砂浆

干粉砂浆是指由专业生产厂家生产的并经干筛分处理的细集料与无机胶结料、保水增稠材料、矿物掺合料和添加剂按一定比例混合而成的一种颗粒状或粉状混合物。其中，各成分之间不同的配比对产品的性能有着直接的影响。它既可由专用罐车运输至工地加水拌和使用，也可采用包装形式运到工地拆包加水拌和使用。

课题 2 建筑砂浆的技术性能指标

砌筑砂浆主要在砌体中作为一种传递荷载的接缝材料，因而必须具有一定的和易性和强度，同时必须具有能保证砌体材料与砂浆之间牢固粘结的粘结力。砂浆的技术性能主要表现在凝结硬化前的和易性和凝结硬化后的力学性能两方面。

4.2.1　砂浆的和易性

砂浆拌合物硬化前应具有良好的和易性，包括流动性和保水性两个方面。

（1）流动性（或称稠度）　流动性是指砂浆在自重或外力作用下流动的性能。流动性用"沉入度"表示，用砂浆稠度仪测定。

（2）保水性　保水性是指砂浆能保持水分，各组成材料之间不产生泌水、离析的性能。砂浆在施工过程中必须具有良好的保水性，避免水分过快流失，以保证胶结材料正常凝结硬化，形成密实均匀的砂浆层，以提高砌体的质量。砂浆的保水性用分层度来表示，用砂浆分层度筒测定。

保水性主要与胶凝材料的品种、用量有关。当用高强度等级水泥拌制低强度等级砂浆时，由于水泥用量少，保水性较差，可掺入适量石灰膏或其他外掺料来改善。砌筑砂浆的施工稠度和保水率见表 4-1 和表 4-2。

表 4-1　砌筑砂浆的施工稠度　　　　　　　　　　　　　　（单位：mm）

砌 体 种 类	施工稠度
烧结普通砖砌体、粉煤灰砖砌体	70～90
混凝土砖砌体、普通混凝土小型空心砌块砌体、灰砂砖砌体	50～70
烧结多孔砖砌体、烧结空心砖砌体、轻集料混凝土小型空心砌块砌体、蒸压加气混凝土砌块砌体	60～80
石砌体	30～50

表 4-2　砌筑砂浆的保水率　　　　　　　　　　　　　　（单位：%）

砂浆种类	保水率	砂浆种类	保水率
水泥砂浆	≥80	预拌砂浆	≥88
水泥混合砂浆	≥84		

4.2.2　砂浆的力学性能

（1）砂浆的强度　砌筑砂浆在砌体中主要起传递荷载的作用，因此应具有一定的抗压强度。

根据《砌筑砂浆配合比设计规程》（JGJ/T 98—2010）规定：砂浆立方体的抗压强度是以边长为 70.7mm×70.7mm×70.7mm 的立方体试块作为标准试块，采用规定的方法成型，在标准养护条件下养护至 28d，再采用标准试验方法测定的强度。

水泥砂浆及预拌砂浆的强度等级可分为 M5、M7.5、M10、M15、M20、M25、M30；水泥混合砂浆的强度等级可分为 M5、M7.5、M10、M15。

砂浆的养护温度对其强度影响较大。温度越高，砂浆强度的发展越快，早期强度也越高。

（2）砂浆的粘结力　砌筑砂浆必须有足够的粘结力，以便将砌体粘结成为坚固的整体。

一般情况下，砂浆的抗压强度越高其粘结力也越大。此外，砂浆的粘结力大小与砖石的表面状态、清洁程度、湿润情况及施工养护条件等因素有关。如砌筑烧结砖要事先浇水湿润，表面不沾泥土，就可以提高砂浆与砖之间的粘结力，保证墙体的质量。

（3）变形体　当温度或湿度变化时，承受荷载的砂浆均会产生变形。如果变形过大或不均匀，则会降低砌体的质量，引起沉陷或裂缝。轻集料配置的砂浆，其收缩变形要比普通砂浆大。

课题 3　砂浆拌合物的取样与检测

4.3.1　砂浆拌合物取样与检测标准

1. 拌合物取样及试样制备

建筑砂浆试验用料应根据不同要求，可从同一盘搅拌机或同一运送车的砂浆中取出；在实验室取样时，可从机械或人工拌合砂浆中取出。

施工中取样进行砂浆试验时，其取样方法和原则按相应的施工验收规范执行。应在使用地点的砂浆槽、砂浆运送车或搅拌机出料口等至少 3 个不同部位集取。所取试样的数量应多于试验用料的 1～2 倍。

实验室拌制砂浆进行试验时，拌和用的材料要求提前运入室内，拌和时，实验室的温度应保持在（20±5）℃。试验用水泥和其他原材料应与现场使用材料一致。水泥如有结块，应充分混合均匀，并用 0.9mm 筛过筛，砂也应用 5mm 筛过筛。实验室拌制砂浆时，材料应称重计量。称量的精确度：水泥、外加剂等为 ±0.5%；砂、石灰膏、黏土膏、粉煤灰和磨细生石灰粉为 ±1%。实验室用搅拌机搅拌砂浆时，搅拌的用量不宜少于搅拌机容量的20%，搅拌时间不宜少于 2min。

砂浆拌合物取样后，应尽快进行试验。现场取样的试样，在试验前应经人工再翻拌，以保证其质量均匀。

2. 检测标准

检测过程应符合《建筑砂浆基本性能试验方法标准》（JGJ/T 70—2009）。

4.3.2　砂浆稠度试验

1. 试验目的

测定达到要求稠度的用水量或控制现场砂浆的稠度。

2. 仪器设备

1）砂浆稠度仪：由试锥，容器和支座三部分组成（见图 4-2）。试锥由钢材或铜材制成，高度为 145mm，锥底直径为 75mm，试锥连同滑杆的质量应为 300g；盛砂浆容器由钢板制成，筒高为 180mm，锥底内径为 150mm；支座分底座、支架及稠度显示三个部分，由铸铁、钢及其他金属制成。

2）钢制捣棒：直径 10mm、长 350mm，端部磨圆。

3）秒表等。

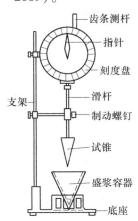

图 4-2　砂浆稠度测定仪

3. 试验步骤

1）盛浆容器和试锥表面用湿布擦干净，并用少量润滑油轻擦滑杆，然后将滑杆上多余的油用吸油纸擦净，使滑杆能自由滑动。

2）将砂浆拌合物一次装入容器，使砂浆表面低于容器口约 10mm 左右，用捣棒自容器中心向边缘插捣 25 次，然后轻轻地将容器摇动或敲击 5~6 下，使砂浆表面平整，随后将容器置于稠度测定仪的底座上。

3）拧开试锥滑杆的制动螺钉，向下移动滑杆，当试锥尖端与砂浆表面刚接触时，拧紧制动螺钉，使齿条侧杆下端刚接触滑杆上端，并将指针对准零点上。

4）拧开制动螺钉，同时计时，待 10s 时立即固定螺钉，将齿条测杆下端接触滑杆上端，从刻度盘上读出下沉深度（精确至 1mm），即为砂浆的稠度值。

5）圆锥形容器内的砂浆，只允许测定 1 次稠度，重复测定时，应重新取样测定。

4. 试验结果处理

1）取两次试验结果的算术平均值，计算结果精确至 1mm。

2）两次试验值之差如大于 10mm，则应另取砂浆搅拌后重新测定。

4.3.3　分层度试验

1. 试验目的

测定砂浆的分层度值，评定砂浆在运输存放过程中的保水性。

2. 仪器设备

1）砂浆分层度筒（见图 4-3）：内径为 150mm，上节高度为 200mm，下节带底净高为 100mm，用金属板制成，上、下层连接处需加宽 3~5mm，并设有橡胶垫圈。

2）水泥胶砂振动台：振幅为（0.85 ± 0.05）mm，频率为（50 ± 3）Hz。

3）稠度仪、木锤等。

3. 试验步骤

1）将砂浆拌合物按稠度试验方法测定稠度，其步骤是：

①将砂浆拌合物 1 次装入分层度筒内，待装满后，用木锤在容器周围距离大致相等的 4 个不同地方轻轻敲击 1~2 下，如砂浆沉落到低于筒口，则应随时添加，然后刮去多余的砂浆并用抹刀抹平。

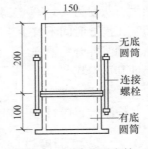

图 4-3　砂浆分层度筒

②静置 30min 后，去掉上层 200mm 砂浆，剩余的 100mm 砂浆倒出放在拌合锅内拌 2min，再按稠度试验方法测其稠度，前后测得的稠度之差即为该砂浆的分层度值（cm）。

2）采用快速法测定分层度，其步骤是：

①按稠度试验方法测定稠度。

②将分层度预先固定在振动台上，砂浆 1 次装入分层度筒内，振动 20s。

③然后去掉上层 200mm 砂浆，剩余的 100mm 砂浆倒出放在拌合锅内拌 2min，再按稠度试验方法测其稠度，前后测得的稠度之差即可认为是该砂浆的分层度值。如有争议，以标准法为准。

4. 试验结果处理

1）取两次试验结果的算术平均值作为该砂浆的分层度值。

2）两次分层度试验值之差如大于20mm，应重做试验。

课题4　硬化砂浆的力学性能检测

4.4.1　立方体抗压强度试验

1. 试验目的

测定砂浆立方体的抗压强度值，评定砂浆的强度等级。

2. 仪器设备

1）试模为70.7mm×70.7mm×70.7mm的立方体，由铸铁或钢制成，应具有足够的刚度并拆装方便。试模的内表面应机械加工，其不平度应为每100mm不超过0.05mm。组装后各相邻面的不垂直度不应超过±0.5°。如图4-4所示。

2）捣棒：直径10mm，长350mm的钢棒，端部应磨圆。

3）压力试验机：精度（示值的相对误差）不大于±2%，其量程应能使试件的预期破坏荷载值不小于全量程的20%，也不大于全量程的80%，如图4-5所示。

图4-4　砂浆试模　　　　　　　　　　　图4-5　压力试验机

4）垫板：试验机上、下压板及试件之间可垫以钢垫板，垫板的尺寸应大于试件的承压面，其不平度应为每100mm不超过0.02mm。

5）振动台：一次试验至少能固定3个试模。

3. 取样数量

砌筑砂浆按每一个台班，同一配合比，同一层砌体，或250m³砌体为一取样单位取1组试块；地面砂浆按每一层地面，1000m²取1组，不足1000m²按1000m²计。

4. 立方体抗压强度试件的制作及养护

1）采用立方体试件，每组试件3个。应用黄油等密封材料涂抹试模的外接缝，试模内涂刷薄层机油或脱模剂，将拌制好的砂浆1次装满砂浆试模，成型方法根据稠度确定。当稠度≥50mm时采用人工振捣成型，当稠度<50mm时采用振动台振实成型。

2）试件制作。试件制作主要有人工振捣和机械振动两种方法。

①人工振捣。用捣棒均匀地由边缘向中心按螺旋方式插捣 25 次，插捣过程中如砂浆沉落低于试模口，应随时添加砂浆，可用油灰刀插捣数次，并用手将试模一边抬高 5～10mm 各振动 5 次，使砂浆高出试模顶面 6～8mm。

②机械振动。将砂浆 1 次装满试模，放置到振动台上，振动时试模不得跳动，振动 5～10s 或持续到表面泛浆为止，不得过振。待表面水分稍干后，将高出试模部分的砂浆沿试模顶面刮去并抹平。

3）养护。试件制作后应在室温为（20＋5）℃的环境下静置（24＋2）h，当气温较低时，可适当延长时间，但不应超过两昼夜，然后对试件进行编号、拆模。试件拆模后应立即放入温度为（20＋2）℃，相对湿度为 90% 以上的标准养护室中养护。养护期间，试件彼此间隔不小于 10mm，混合砂浆试件上面应进行覆盖，防止有水滴在试件上。

5. 试验步骤

1）试件从养护地点取出后，应尽快进行试验。试验前先将试件擦拭干净，测量尺寸，并检查其外观。试件尺寸测量精确至 1mm，并据此计算试件的承压面积。如实测尺寸与公称尺寸之差不超过 1mm，可按公称尺寸进行计算。

2）将试件安放在试验机的下压板上（或下垫板上），试件的承压面应与成型时的顶面垂直，试件中心应与试验机下压板（或下垫板）中心对准。开动试验机，当上压板（或上垫板）与试件接近时，调整球座，使接触面均匀受压。承压试验应连续且均匀地加荷，当试件接近破坏而开始迅速变形时，停止调整试验机油门，直至试件破坏，然后记录破坏荷载。

6. 结果计算与评定

砂浆立方体抗压强度应按下列公式计算，精确至 0.1MPa。

$$f_{\mathrm{m,cu}} = \frac{K N_{\mathrm{u}}}{A}$$

式中　$f_{\mathrm{m,cu}}$——砂浆立方体抗压强度（MPa）；

　　　N_{u}——立方体破坏压力（N）；

　　　A——试件承压面积（mm^2）；

　　　K——换算系数，取 1.35。

以 3 个试件测值算术平均值的 1.3 倍作为该组试件的抗压强度平均值（f_2）。当 3 个测值的最大值或最小值中有 1 个与中间值的差值超过中间值的 15% 时，则把最大值及最小值一并舍去，取中间值作为该组试件的抗压强度值；当有两个测值与中间值的差值均超过中间值的 15% 时，则该组试件的试验结果无效。砂浆抗压强度试验记录见附录 F。

4.4.2　计算实例

【例 4-1】　某一组砂浆试件经试压后分别为：10.2MPa、10.3MPa、9.9MPa，试件承压面积为 3mm^2，求砂浆立方体抗压强度值是多少？

【解】

$$f_{\mathrm{m,cu}} = \frac{10.2\mathrm{MPa} + 10.3\mathrm{MPa} + 9.9\mathrm{MPa}}{3} = 10.1\mathrm{MPa}$$

其中最大值差 $\dfrac{10.3\text{MPa} - 10.1\text{MPa}}{10.1\text{MPa}} \times 100\% = 2.0\% < 15\%$

其中最小值差 $\dfrac{10.1\text{MPa} - 9.9\text{MPa}}{10.1\text{MPa}} \times 100\% = 2.0\% < 15\%$

所以：$f_2 = 10.1\text{MPa} \times 1.3 = 13.1\text{MPa}$

结论：该组试件抗压强度值 $f_{\text{m,cu}} = 13.1\text{MPa}$

课题5　砂浆配合比设计

4.5.1　砂浆配合比设计步骤

1. 水泥混合砂浆配合比设计步骤

1）计算砂浆试配强度 $f_{\text{m,0}}$（MPa）。

2）计算 1m^3 砂浆中的水泥用量 Q_{C}（kg）。

3）按水泥用量 Q_{C} 计算每立方米砂浆中石灰膏用量 Q_{D}（kg）。

4）确定 1m^3 砂浆中的砂用量 Q_{S}（kg）。

5）按砂浆稠度选用 1m^3 砂浆用水量 Q_{W}（kg）。

6）进行砂浆试配。

7）配合比确定。

2. 砂浆试配强度的确定

砂浆的试配强度，可按下式确定：

$$f_{\text{m,0}} = kf_2$$

式中　$f_{\text{m,0}}$——砂浆的试配强度（MPa），精确至 0.1MPa；

　　　f_2——砂浆强度等级值（即砂浆抗压强度平均值）（MPa，精确至 0.1MPa）；

　　　k——系数，按表4-3取值。

表4-3　砂浆强度标准差 σ 及 k 值的选取

强度等级 施工水平	强度标准差 σ/MPa							k
	M5	M7.5	M10	M15	M20	M25	M30	
优良	1.00	1.50	2.00	3.00	4.00	5.00	6.00	1.15
一般	1.25	1.88	2.50	3.75	5.00	6.25	7.50	1.20
较差	1.50	2.25	3.00	4.50	6.00	7.50	9.00	1.25

3. 砂浆强度标准差的确定

1）当有统计资料时，应按下式计算：

$$\sigma = \sqrt{\dfrac{\sum\limits_{i=1}^{n} f_{\text{m},i}^2 - n\mu_{\text{fm}}^2}{n-1}}$$

式中 $f_{m,i}$——统计周期内同一品种砂浆第 i 组试件的强度（MPa）；

μ_{fm}——统计周期内同一品种砂浆 n 组试件强度的平均值（MPa）；

n——统计周期内同一品种砂浆试件的总组数，$n \geqslant 25$。

2）当无统计资料时，砂浆强度标准差 σ 可按表4-3取值。

4. 水泥用量的确定

1）1m³ 砂浆中的水泥用量应按下式计算。

$$Q_C = \frac{1000 \ (f_{m,0} - \beta)}{\alpha \cdot f_{ce}}$$

式中 Q_C——1m³ 砂浆的水泥用量（kg），精确至0.1kg；

f_{ce}——水泥的实测强度（MPa），精确0.1MPa；

α、β——砂浆的特征系数，其中 $\alpha = 3.03$，$\beta = -15.09$。

2）在无法取得水泥的实测强度值时，可按下式计算 f_{ce}。

$$f_{ce} = \gamma_C \cdot f_{ce,k}$$

式中 $f_{ce,k}$——水泥强度等级值（MPa）；

γ_C——水泥强度等级值的富余系数，该值应按实际统计资料确定；无统计资料时可取1.0。

5. 石灰膏用量的确定

石灰膏用量应按下式计算：

$$Q_D = Q_A - Q_C$$

式中 Q_D——1m³ 砂浆的石灰膏用量（kg），精确至1kg；石灰膏使用时的稠度为（120 ± 5）mm；

Q_C——1m³ 砂浆的水泥用量，精确至1kg。

Q_A——1m³ 砂浆中水泥和石灰膏的总量，精确至1kg。宜在 300～350kg 之间。

若石灰膏稠度不在规定范围内，其换算系数可按表4-4进行换算。如石灰膏用量为150kg，而实际稠度为100mm，此时称量石灰膏的重量为145.5kg。

表4-4 石灰膏不同稠度的换算系数

石灰膏稠度/mm	120	110	100	90	80	70	60	50	40	30
换算系数	1.00	0.99	0.97	0.95	0.93	0.92	0.90	0.88	0.87	0.86

1）1m³ 砂浆中的砂子用量，应以干燥状态（含水率小于0.5%）的堆积密度值作为计算值，单位以 kg/m³ 计。

2）1m³ 砂浆中的用水量，可根据砂浆稠度等要求选用 210～310kg。

3）确定砂浆初步配合比。按上述步骤进行确定，常用质量比表示。

6. 配合比试配、调整与确定

1）试配时应采用工程中实际使用的材料，搅拌方法应与生产时使用的方法相同。

2）按计算配合比进行试配，测定其拌合物的稠度和分层度，若不能满足要求，则应调整用水量或掺加料，直到符合要求为止，然后确定为试配时的砂浆基准配合比。

3）试配时至少应采用3个不同的配合比，其中一个按计算得出的基准配合比，另外2

个配合比的水泥用量按基准配合比分别增加及减少 10%，在保证稠度、分层度合格的条件下，可将用水量或掺加料用量作相应调整。

4）3 个不同的配合比，经调整后，应按国家现行标准《建筑砂浆基本性能试验方法》（JGJ/T 70—2009）的规定成型试件，测定砂浆强度等级；选定符合强度要求且水泥用量较少的砂浆配合比。

5）砂浆配合比确定后，当原材料有变更时，其配合比必须重新通过试验确定，其原始记录见附录 G。

4.5.2　砂浆配合比设计实例

【例 4-2】　要求设计用于砌筑砖墙的砂浆 M7.5 等级、稠度 70~100mm 的水泥石灰砂浆配合比。原材料的主要参数为：水泥——32.5 普通硅酸盐水泥；砂子——中砂，堆积密度为 1450kg/m³，含水率为 2%；石灰膏——稠度为 110mm；施工水平——一般。

【解】　（1）计算试配强度 $f_{m,0}$

已知：$f_2 = 7.5\text{MPa}$，$k = 1.20$（查表 4-3）。

因此：$f_{m,0} = kf_2 = 1.20 \times 7.5\text{MPa} = 9\text{MPa}$

（2）计算水泥用量 Q_C

已知：$f_{m,0} = 9\text{MPa}$，$\alpha = 3.03$，$\beta = -15.09$，$f_{ce} = 32.5\text{MPa}$，$\gamma_C = 1.0$（无统计资料）。

所以：$Q_C = \dfrac{1000(f_{m,0} - \beta)}{\alpha f_{ce}} = \dfrac{1000(9 + 15.09)}{3.03 \times 32.5}\text{kg/m}^3 = 245\text{kg/m}^3$

（3）计算石灰膏用量 Q_D

已知：$Q_C = 245\text{kg/m}^3$，$Q_A = 330\text{kg/m}^3$（在 300~350kg/m³ 之间选用）。

所以 $Q_D = Q_A - Q_C = (330 - 245)\text{kg/m}^3 = 85\text{kg/m}^3$

石灰膏稠度为 110mm 换算成 120mm，查表 4-2，得（85 × 0.99）kg/m³ = 84kg/m³

（4）根据砂子的堆积密度和含水率，计算用砂量 Q_S

$Q_S = 1450\text{kg/m}^3 \times (1 + 2\%) = 1479\text{kg/m}^3$

（5）计算配合比

选择用水量为 300kg/m³

砂浆试配时各材料的用量比例：水泥∶石灰膏∶砂∶水 = 245∶84∶1479∶300 = 1∶0.34∶6.04∶1.22

（6）配合比试配、调整与确定

通过计算结果，结合本单元课题 5 的相关知识进行。

单 元 小 结

通过本章的学习，要了解建筑砂浆的种类及用途，要掌握砂浆配合比设计、砌筑砂浆拌合物的性能检测及砌筑砂浆的力学性能检测。学会使用有关仪器，掌握有关的试验方法，并会分析实验过程和结果。要理论结合实际，了解现场相关的设备操作及建筑砂浆的配制，并对存在的问题做出正确判断，除此，还应该能对稠度试验和分层度试验进行正确的操作。

【复习思考题】

　　4-1　砌筑砂浆的养护条件有什么要求?

　　4-2　砂浆立方体抗压强度值如何评定?

　　4-3　分层度试验结果如何处理?

　　4-4　什么是防水砂浆?

　　4-5　采用强度等级为 32.5 级的普通硅酸盐水泥，含水率为 3% 的中砂，配制稠度为 70 ~90mm 的 M5.0 水泥石灰砂浆。已知：中砂的堆积密度为 1450kg/m^3，石灰膏：稠度 100mm，施工水平：一般。计算砌筑砂浆的初步配合比。

单元5 砌体材料的性能检测

【单元概述】

本单元主要介绍了建筑砌体材料的基本性质；砌体材料的技术性能与要求，特别是烧结砖与混凝土砌块的检测方法。

【学习目标】

了解砌体材料的种类；掌握砌墙砖与混凝土砌块的性能与要求，掌握砖与砌块的外观质量、强度的检测和等级的评定；具备独立操作试验检测的基本能力；具备评价砌墙砖与混凝土砌块性能的能力。

课题1　砌墙砖性能概述

在工业与民用建筑工程中，墙体具有承重、围护和分隔作用。目前墙体材料的品种较多，可分为烧结砖、砌块和板材三大类。烧结砖主要包括烧结括普通砖、烧结多孔砖和烧结空心砖；砌块主要包括普通混凝土小型空心砌块、轻集料混凝土小型空心砌块、粉煤灰小型空心砌块和密实硅酸盐砌块。在建筑工程中，合理选用墙体材料，对建筑物的功能、安全、节能、环保、以及施工和造价等均具有重要意义，特别是现代新型建筑墙体材料的使用。

5.1.1　烧结普通砖

1. 定义

烧结普通砖是指以黏土、粉煤灰、页岩、煤矸石为主要原材料，经过成型、干燥、入窑焙烧、冷却而成的实心砖。

2. 分类

烧结普通砖按主要原料分为黏土砖、页岩砖、煤矸石砖和粉煤灰砖。

按焙烧时的火候（窑内温度分布），烧结砖分为欠火砖、正火砖、过火砖。欠火砖色浅、敲击声闷哑、吸水率大、强度低、耐久性差。过火砖色深、敲击声音清脆、吸水率低、强度较高，但弯曲变形大。欠火砖和过火砖均属不合格产品。

按焙烧方法的不同，烧结普通砖又可分为内燃砖和外燃砖。

3. 技术性质

（1）规格尺寸　烧结普通砖的尺寸规格是 240mm × 115mm × 53mm。其中 240mm × 115mm 面称为大面，240mm × 53mm 面称为条面，115mm × 53mm 面称为顶面，如图 5-1 所示。在砌筑时，4 块砖长、8 块砖宽、16 块砖厚，再分别加上砌筑灰缝（每个灰缝宽度为 8 mm ～12mm，

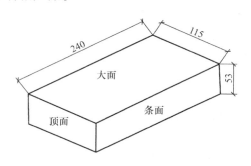

图 5-1　烧结普通砖的规格

平均取 10mm），其长度均为 1m。理论上，1m³ 砖砌体大约需用砖 512 块。

（2）尺寸偏差　尺寸偏差是一个直接对砌筑施工及砌体质量产生影响的重要指标。规格尺寸达不到标准要求，如规格尺寸偏大、偏小，或同一批制品尺寸大小不一，在砌筑时可能出现以下问题：制品实际砌筑用量和设计计算用量有很大出入；砌筑时制品与制品之间的灰缝宽度不能保持一致，宽窄不一；（皮）层制品铺贴后铺贴面不平整，高低不一；偏差过大砌筑成墙体后，轻则使建筑设计计算和预算方面增加不确定性，重则对结构产生大量的不均匀砌筑，影响结构承载，并会大幅度降低建筑物的抗震性能。国家标准对制品的尺寸偏差所涉及的长度、宽度、高度（层厚）作了详细的规定。

（3）外观质量　外观质量是直接影响砌筑施工和砌体质量的另一重要指标。产品常见的外观质量缺陷有：表面的杂质凸出、完整面或表面疏松、层裂、缺棱掉角、裂纹、无完整面、弯曲、肋壁内残缺、欠火、酥哑、雨淋等。外观质量缺陷不严重时，只对砌筑进度、墙体表面（观）质量有影响；严重时则会对结构产生大量的不均匀砌筑，影响结构承载及大幅度降低建筑物的抗震性能。而欠火、酥哑、雨淋制品如果达不到标准要求，对砌筑墙体产生的后果则更为严重，轻则几年内墙体风化损毁，重则会造成建筑坍塌的严重恶性事故。因此，国家标准对上述指标都做出了严格的规定。

（4）强度等级　强度是墙体材料评价制品内在质量的关键指标，是极为重要的质量特性检验项，也是结构承载的必备条件。其强度高低直接影响建筑结构的安全度和抗震性能，关系到人民生命财产的安全。因此，国家标准对此项性能指标规定极为严格。砖和块类产品通常都采用制品的抗压强度来评定强度等级，用平均抗压强度控制每批制品的整体抗压强度水平，用抗压强度标准值或抗压强度最小值来控制每批制品的离散程度不得超过建筑结构的承载要求。烧结普通砖按抗压强度分为：MU30、MU25、MU20、MU15 和 MU10 五个强度等级。

（5）抗风化性能　抗风化性能是指在干湿变化、温度变化、冻融变化等物理因素作用下，材料不破坏并长期保持原有性质的能力。它是材料耐久性的重要内容之一。烧结普通砖的抗风化性能是一项综合性指标，主要受砖的吸水率与地域位置的影响，因而用于东北、内蒙古、新疆等严重风化区的烧结普通砖，必须进行冻融试验。烧结普通砖的抗风化性能必须符合国家标准《烧结普通砖》（GB/T 5101—2003）中的有关规定。

（6）泛霜　制品在露天放置下经风吹雨淋后又经过干湿循环，其表面出现白色粉末、絮团或絮片状物质的现象称为泛霜，这是制品内的可溶性盐类通过制品的毛细管在制品表面产生的盐析现象。泛霜对制品本身和砌筑的墙体都会产生严重的破坏作用，可引起制品及砌筑的墙体粉化或剥落破坏，特别在干湿循环区域及盐碱严重的地区，这种现象更为严重。轻则使得墙体及装饰层剥落或产生严重污染，重则会使墙体松散、风化而坍塌。因此国家标准严格规定烧结制品优等产品不允许出现泛霜，一等产品不允许出现中等泛霜，合格产品不允许出现严重泛霜。中等泛霜产品不能用于如基础、卫生间、水房等潮湿部位。

（7）石灰爆裂　石灰爆裂是指烧结普通砖的原料或内燃物质中夹杂着石灰质，焙烧时被烧成生石灰，砖在使用吸水后，体积膨胀而发生的爆裂现象。石灰爆裂影响砖墙的平整度和灰缝的平直度，甚至使墙面产生裂纹，使墙体破坏。因此石灰爆裂应符合国家标准《烧结普通砖》（GB/T 5101—2003）中的有关规定。

（8）吸水率和相对含水率　吸水率是指制品吸水饱和后增加的重量与制品干重的比值；相对含水率是指制品在自然气候条件下吸入空气中水分后增加的重量与制品干重的比值。

　　吸水率和相对含水率的大小是判定产品密实程度的一项指标，也是建筑设计载荷的一个重要指标。一般来说，吸水率和相对含水率越小，制品越密实，强度也越高，内在质量也越好。吸水率及相对含水率大，则反映出其内部结构孔隙多，产品质量在耐久性方面差，所以吸水率和相对含水率指标不容忽视，其合格与否，在各类产品标准中都有详细的判定指标。

　　（9）质量等级评定　尺寸偏差、抗风化性能和放射性物质合格的砖，根据尺寸偏差、外观质量、泛霜和石灰爆裂，分为优等品（A）、一等品（B）、合格品（C）三个等级。烧结普通砖的质量等级见表 5-1。

表 5-1　烧结普通砖的外观质量　　　　　　　（单位：mm）

项　目	优　等　品	一　等　品	合　格　品
两条面高度差不大于	2	3	4
弯曲不大于	2	3	4
杂质凸出高度不大于	2	3	4
缺棱掉角的三个破坏尺寸不大于	5	20	30
裂纹长度不大于			
大面上宽度方向及其延伸至条面的长度	30	60	80
大面上长度方向及其延伸至顶面的长度或条顶面上水平裂纹的长度	50	80	100
完整面不得少于	两条面和两顶面	一条面和一顶面	—
颜色	基本一致	—	—

　　（10）隔声性能　对墙体隔声性能的要求，要视其在建筑物中的位置和作用来确定。围护结构的墙体与内隔墙隔声性能的要求是不同的，分户墙与分室墙的要求又不同。在实际工程中，分户墙的隔声性能要求应高于分室墙。

　　4. 应用

　　烧结普通砖具有一定的强度、较好的耐久性和一定的保温隔热性能，在建筑工程中主要用于砌筑各种承重墙体和非承重墙体等围护结构。烧结普通砖可砌筑砖柱、拱、烟囱、筒拱式过梁和基础等，也可与轻混凝土、保温隔热材料等配合使用。在砖砌体中配置适当的钢筋或钢丝网，可作为薄壳结构、钢筋砖过梁等。其产生的碎砖可作为混凝土集料和碎砖三合土的原材料。

　　烧结黏土砖制砖取土，大量毁坏农田；烧结实心砖自重大，烧砖能耗高，成品尺寸小，施工效率低，抗震性能差。因此，我国目前正大力推广墙体材料改革，以空心砖、工业废渣砖及砌块、轻质墙用板材来代替实心黏土砖。

5.1.2　烧结多孔砖

　　近几年来，墙体材料正朝着轻质化和多功能的方向发展。目前正在推广和使用的多孔砖，一方面可减少黏土的消耗量大约 20%～30%，节约耕地；另一方面，墙体的自重至少减轻 30%～35%，降低造价近 20%，保温隔热性能和吸声性能有较大提高。烧结多孔砖应遵循现行国家标准《烧结多孔砖和多孔砌块》（GB 13544—2011），该标准适用于以黏土、页岩、煤矸石、粉煤灰、淤泥（江、河、湖淤泥）及其他固体废弃物等为主要原料，经焙烧而成的主要应用承重部位的多孔砖和多孔砌块。

1. 烧结多孔砖的技术性质

（1）产品分类　按主要原料分为黏土砖、页岩砖、煤矸石砖、粉煤灰砖、固体废弃物砖。

（2）规格　砖的外形一般为直角六面体，在与砂浆的接合面上应设有增加结合力的粉刷槽和砌筑砂浆槽。砖和砌块的长度、宽度、高度尺寸应符合下列要求：砖规格尺寸（mm）：290、240、190、180、140、115、90，如图5-2所示。其他规格尺寸由供需双方确定。

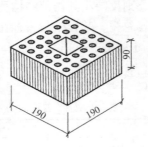 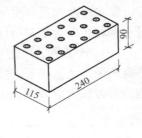

图 5-2　烧结多孔砖

（3）技术要求

1）烧结多孔砖的尺寸允许偏差应符合表5-2的要求。

表 5-2　烧结多孔砖的尺寸允许偏差　　　　　　　　　　（单位：mm）

尺 寸	样本平均偏差	样本极差≤	尺 寸	样本平均偏差	样本极差≤
>400	±3.0	10.0	100~200	±2.0	7.0
300~400	±2.5	9.0	<100	±1.5	6.0
200~300	±2.5	8.0			

2）烧结多孔砖的密度级别应符合表5-3的要求。

烧结多孔砖的强度应符合表5-4的要求。

表 5-3　烧结多孔砖的密度级别
（单位：kg/m³）

密度等级	3块砖干燥表观密度平均值
—	≤900
1000	900~1000
1100	1000~1100
1200	1100~1200
1300	1200~1300

表 5-4　烧结多孔砖的强度等级
（单位：MPa）

强度等级	抗压强度平均值 f≥	强度标准值 f_k
MU30	≥30.0	≥22.0
MU25	≥25.0	≥18.0
MU20	≥20.0	≥14.0
MU15	≥15.0	≥10.0
MU10	≥10.0	≥6.5

3）烧结多孔砖的孔形结构及孔洞率应符合表5-5的要求。

表 5-5　烧结多孔砖孔形结构及孔洞率

孔形	孔洞尺寸		最小壁厚/mm	最小肋厚/mm	孔洞率（%）		孔洞排列
	孔宽度尺寸 b	孔长度尺寸 L			砖	砌块	
矩形条孔或矩形孔	≤13	≤40	≥12	≥5	≥28	≥33	1. 所有孔宽应相等。孔采用单向或双向交错排列 2. 孔洞排列上下、左右应对称,分布均匀,手抓孔的长度方向尺寸必须平行于砖的条面

注：1. 矩形孔的孔长 L、孔宽 b 满足式 $L≥3b$ 时，为矩形条孔。
　　2. 孔四个角应做成过渡圆角，不得做成直尖角。
　　3. 如设有砌筑砂浆槽，则砌筑砂浆槽不计算在孔洞内。
　　4. 规格大的砖和砌块应设置手抓孔，手抓孔尺寸为(30~40)mm×(75~85)mm。

4）烧结多孔砖的抗风化性能应符合表 5-6 的要求。

表 5-6　烧结多孔砖的抗风化性能

项　目 砖种类	严重风化区				非严重风化区			
	5h 煮沸吸水率(%)≤		饱和系数≤		5h 煮沸吸水率(%)≤		饱和系数≤	
	平均值	单块最大值	平均值	单块最大值	平均值	单块最大值	平均值	单块最大值
黏土砖	21	23	0.85	0.87	23	25	0.88	0.90
粉煤灰砖	23	25			30	32		
页岩砖	16	18	0.74	0.77	18	20	0.78	0.80
煤矸石砖	19	21			21	23		

注：粉煤灰掺入量（质量比）小于 30% 时按黏土砖和砌块规定判定。

（4）其他性能　包括冻融、泛霜、石灰爆裂、放射性核素限量等内容。其中抗冻性是以 15 次冻融循环试验后的外观质量来评价是否合格。每块砖不允许有严重泛霜。产品中不允许有欠火砖、酥砖。

2. 烧结多孔砖的应用

烧结多孔砖主要用于砌筑多层建筑的内外承重墙体及高层框架建筑的填充墙和隔墙。

5.1.3　烧结空心砖

以黏土、页岩、煤矸石为主要原料，经制坯成型和干燥焙烧而成的主要用于非承重部位的空心砖，称为烧结空心砖，又称为水平孔空心砖或非承重空心砖。因其具有轻质、保温性好、强度低等特点，烧结空心砖主要用于非承重墙、外墙及框架结构的填充墙等。烧结空心砖应遵循国家现行标准《烧结空心砖和空心砌块》（GB 13545—2003）。

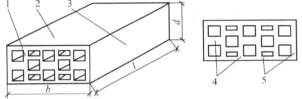

图 5-3　烧结空心砖
1—顶面　2—大面　3—条面　4—肋　5—壁

（1）规格及要求　烧结空心砖的外形为直角六面体，其长度、宽度、高度尺寸应符合下列要求（mm）：390、290、240、190、180（175）、140、115、90，如图 5-3 所示。其他规格尺寸由供需双方协商确定。

（2）强度等级　根据抗压强度分为 MU10.0、MU7.5、MU5.0、MU3.5 和 MU2.5 五个强度等级，其强度应符合表 5-7 的规定。

表 5-7　强度级别

强度级别	抗压强度平均值 f/MPa，≥	变异系数 $\delta \le 0.21$ 强度标准值 f_k/MPa，≥	变异系数 $\delta > 0.21$ 单块最小抗压 强度值 f_{min}/MPa，≥	密度等级范围 /(kg·m^{-3})
MU10.0	10.0	7.0	8.0	≤1100
MU7.5	7.5	5.0	5.8	
MU5.0	5.0	3.5	4.0	
MU3.5	3.5	2.5	2.8	
MU2.5	2.5	1.6	1.8	≤800

（3）质量及密度等级　砖可分为800、900、1000和1100四个密度等级，见表5-8。

表5-8　烧结空心砖的密度等级　　　　　　　　（单位：kg/m³）

密 度 等 级	5块密度平均值	密 度 等 级	5块密度平均值
800	≤800	1000	901～1000
900	801～900	1100	1001～1100

（4）其他技术性能　包括泛霜、石灰爆裂、吸水率、冻融等内容。其中抗冻性（15次）是以外观质量来评价是否合格的。外观质量等均应符合标准规定。强度、密度、抗风化性能和放射性物质合格的砖，根据尺寸偏差、外观质量、孔洞排列及其结构、泛霜、石灰爆裂、吸水率分为优等品（A）、一等品（B）和合格品（C）三个质量等级。

课题2　墙用砌块、板材

5.2.1　墙用砌块分类

砌块是一种新型墙体材料，可以充分利用地方资源和工业废渣，并可节省黏土资源和改善环境，具有生产工艺简单、原料来源广、适应性强、制作及使用方便，可改善墙体功能等特点，因此发展较快。

墙体砌块是用于墙体砌筑且形体大于砌墙砖的人造块材，一般为直角六面体。主要分类方法如下。

1）按胶凝材料分：水泥混凝土砌块、硅酸盐砌块、石膏砌块。

2）按砌块空心率分为：实心砌块，空心率小于25%；空心砌块，空心率大于25%。

3）按砌块的规格分为：大型砌块（主规格高度大于980mm）、中型砌块（主规格高度为380～980mm）和小型砌块（主规格高度为115～380mm）。砌块高度一般不大于长度或宽度的6倍，长度不超过高度的3倍。根据需要也可生产各种异形砌块。

5.2.2　混凝土砌块

1. 蒸压加气混凝土砌块

蒸压加气混凝土砌块是指以硅质材料和钙质材料为主要原料，掺加发气剂，经加水搅拌，由化学反应形成空隙，经浇注成型、预养切割、蒸汽养护等工艺过程制成的多孔硅酸盐砌块。

加气混凝土是一种多孔结构材料，其孔隙率可高达70%～80%。这种高孔隙率使材料的表观密度大大降低，其表观密度一般为300～800kg/m³。我国目前生产的加气混凝土表观密度一般为500～700kg/m³，仅为黏土砖的1/3，钢筋混凝土的1/5，从而使建筑物的自重大大减轻。

（1）规格与技术性能　蒸压加气混凝土应符合国家现行标准《蒸压加气混凝土砌块》（GB 11968—2006）。

蒸压加气混凝土砌块的规格尺寸见表5-9。

表 5-9　蒸压加气混凝土砌块的规格尺寸　　　　　　　（单位：mm）

长度 L	宽度 B	高度 H
600	100　120　125 150　180　200 240　250　300	200　240　250　300

注：如需其他规格，可由供需双方协商解决。

蒸压加气混凝土砌块可按抗压强度和干密度分级。按抗压强度分，强度等级有 A1.0、A2.0、A2.5、A3.5、A5.0、A7.5、A10 共七个级别。干密度是指砌块试件在 105℃温度下烘至恒质测得的单位体积的质量。按干密度分，干密度级别有 B03、B04、B05、B06、B07、B08 共六个级别。

蒸压加气混凝土砌块按尺寸偏差与外观质量、干密度、抗压强度和抗冻性分为：优等品（A）、合格品（B）两个等级。见表 5-10。

表 5-10　蒸压加气混凝土砌块的尺寸偏差和外观质量

项　目				指　标	
				优等品（A）	合格品（B）
尺寸允许偏差/mm		长度	L	±3	±4
		高度	B	±1	±2
		宽度	H	±1	±2
缺棱掉角		最小尺寸不得大于/mm		0	30
		最大尺寸不得大于/mm		0	70
		大于以上尺寸的缺棱掉角个数,不多于/个		0	2
裂纹长度		贯穿一棱二面的裂纹长度不得大于裂纹所在面的裂纹方向尺寸总和的		0	1/3
		任一面上的裂纹长度不得大于裂纹方向尺寸的		0	1/2
		大于以上尺寸的裂纹条数,不多于/条		0	2
	爆裂、黏膜和损坏深度不得大于/mm			10	30
平面弯曲				不允许	
表面疏松、层裂				不允许	
表面油污				不允许	

蒸压加气混凝土砌块按产品名称（代号 ACB）、强度级别、干密度级别、规格尺寸、产品等级和标准编号的顺序进行标记，如强度级别为 A3.5、干密度级别为 B05、优等品、规格尺寸为 600mm×200mm×250mm 的蒸压加气混凝土砌块，标记为：

　　　　ACB　A3.5　B05　600×200×250A　GB11968

蒸压加气混凝土砌块的其他技术性能应分别符合表 5-11～表 5-14 的规定。

（2）蒸压加气混凝土砌块的应用　蒸压加气混凝土砌块可以设计建造三层以下的全加气混凝土建筑，主要可用作框架结构和现浇混凝土结构的外墙填充、内墙隔断，也可以用于抗震圈梁构造柱多层建筑外墙或保温隔热复合墙体。蒸压加气混凝土具有自重小、绝热性能好、吸声、加工方便和施工效率高等优点，但强度不高。

表 5-11 蒸压加气混凝土砌块的抗压强度 （单位：MPa）

强度级别	立方体抗压强度		强度级别	立方体抗压强度	
	平均值不小于	单组最小值不小于		平均值不小于	单组最小值不小于
A1.0	1.0	0.8	A5.0	5.0	4.0
A2.0	2.0	1.6	A7.5	7.5	6.0
A2.5	2.5	2.0	A10.0	10.0	8.0
A3.5	3.5	2.8			

表 5-12 蒸压加气混凝土砌块的强度级别

干密度级别		B03	B04	B05	B06	B07	B08
干密度	优等品（A）	A1.0	A2.0	A3.5	A5.0	A7.5	A10.0
	合格品（B）			A2.5	A3.5	A5.0	A10.0

表 5-13 蒸压加气混凝土砌块的干密度 （单位：kg/m³）

干密度级别		B03	B04	B05	B06	B07	B08
干密度	优等品（A） ≤	300	400	500	600	700	800
	合格品（B） ≤	325	425	525	625	725	825

表 5-14 蒸气加气混凝土砌块的干燥收缩、抗冻性和导热系数

干密度级别			B03	B04	B05	B06	B07	B08
干燥收缩值[①]	标准法/（mm/m），≥		0.50					
	快速法/（mm/m），≥		0.80					
抗冻性	质量损失（%），≥		5.0					
	冻后强度/MPa，≥	优等品（A）	0.8	1.6	2.8	4.0	6.0	8.0
		合格品（B）			2.0	2.8	4.0	6.0
导热系数（干态）/[W/(m·K)]，≤			0.10	0.12	0.14	0.16	0.18	0.20

① 规定采用标准法、快速法测定砌块干燥收缩值，若测定结果发生矛盾不能判定时，则以标准法测定的结果为准。

在无可靠的防护措施时，该类砌块不得用在处于水中或高湿度和有侵蚀介质的环境中，也不得用于建筑物的基础和温度长期高于80℃的建筑部位。

2. 普通混凝土小型空心砌块

普通混凝土小型空心砌块是以普通混凝土拌合物为原料，经成型和养护而成的空心块体墙材，有承重砌块和非承重砌块两类。为减轻自重，非承重砌块可用炉渣或其他轻质集料配制。普通混凝土小型空心砌块适用于地震设计烈度为 8 度以下地区的一般民用与工业建筑，其干缩率小于 0.5mm/m，非承重或内墙用砌块，其干缩率应小于 6mm/m。砌块堆放运输及砌筑时应有防雨措施。砌块装卸时，严禁碰撞、扔摔，应轻码轻放，不许翻斗车倾卸。砌块应按规格、等级分批分别堆放，不得混杂。

（1）普通混凝土小型空心砌块的技术性能

1）规格尺寸和外观质量。砌块的主规格尺寸为 390mm × 190mm × 190mm，其他规格尺寸可由供需双方协商确定。砌块的最小外壁厚应不小于 30mm，最小肋厚应不小于 25mm。空心率应不小于 25%。根据尺寸偏差和外观质量，分为优等品（A）、一等品（B）及合格品（C）三个质量等级，分别见表 5-15 和表 5-16。砌块构造如图 5-4 所示。

表 5-15　普通混凝土小型空心砌块的尺寸允许偏差　　　　　　　（单位：mm）

项 目 名 称	优等品（A）	一等品（B）	合格品（C）
长度	±2	±3	±3
宽度	±2	±3	±3
高度	±2	±3	±3

表 5-16　普通混凝土小型空心砌块的外观质量要求

项 目 名 称		优等品（A）	一等品（B）	合格品（C）
弯曲/mm，不大于		2	2	3
掉角缺棱	个数，不多于	0	2	2
	三个投影方向尺寸的最小值/mm，不大于	0	20	30
裂纹延伸的投影尺寸累计/mm，不大于		0	20	30

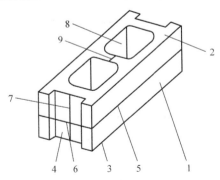

图 5-4　混凝土小砌块各部分的名称
1—条面　2—坐浆面（肋厚较小的面）
3—铺浆面　4—顶面　5—长度　6—宽度
7—高度　8—壁　9—肋

表 5-17　混凝土小型空心砌块的强度等级
　　　　　　　　　　　　　　　　　　（单位：MPa）

强 度 等 级	砌块抗压强度	
	平均值不小于	单块最小值不小于
MU3.5	3.5	2.8
MU5.0	5.0	4.0
MU7.5	7.5	6.0
MU10.0	10.0	8.0
MU15.0	15.0	12.0
MU20.0	20.0	16.0

2）强度等级。普通混凝土小型空心砌块的强度以试验的极限荷载除以砌块毛界面面积计算得出。其强度取决于混凝土的强度和砌块空心率。根据普通混凝土小型空心砌块强度的平均值和单块最小值确定其相应的强度。其强度等级分为 MU3.5、MU5.0、MU10.0、MU15.0、MU20.0，见表 5-17。

3）相对含水率。使用在潮湿地区，相对含水率不大于 45%；使用在中等潮湿地区，相对含水率不大于 40%；使用在干燥地区，相对含水率不大于 35%。普通混凝土小型空心砌块的抗冻性在采暖地区一般环境条件下应达到 D15，干湿交替环境下应达到 D25，非采暖地区不规定。其抗渗性也应满足有关规定。

4）隔热性能。普通混凝土小型空心砌块的隔热性能参考指标见表 5-18。

表 5-18　部分单排孔普通混凝土小型空心砌块的隔热性能参考值

砌块名称	性能指标	参考数值
190mm 厚普通砌块	单块重	约 17kg
	热阻	$R = 0.2(m^2 \cdot K/W)$
90mm 厚普通砌块	热阻	$R = 0.14(m^2 \cdot K/W)$
90mm 厚劈离装饰砌块	热阻	$R = 0.12(m^2 \cdot K/W)$

（2）用途与使用注意事项

1）用途。普通混凝土小型空心砌块主要用于各种公用建筑或民用建筑以及工业厂房等建筑的内外墙体。

2）使用注意事项。

①小砌块采用自然养护时，必须养护 28d 后方可使用。

②出厂时小砌块的相对含水率必须严格控制在标准规定范围内。

③小砌块在施工现场堆放时，必须采取防雨措施。

④砌筑前，小砌块不允许浇水预湿。

3. 轻集料混凝土小型空心砌块

（1）轻集料混凝土小型空心砌块的标准与特点　轻集料混凝土小型空心砌块应符合国家现行标准《轻集料混凝土小型空心砌块》（GB/T 15229—2011）。

轻集料混凝土小型空心砌块的主要特点是：自重轻，保温隔热性能好，抗震性能强，防水、吸声、隔声性能优异，施工方便。

（2）轻集料混凝土小型空心砌块的分类　轻集料混凝土小型空心砌块主要分为以下几类。

1）按孔的排数分为：单排孔、双排孔、三排孔和四排孔等。

2）按砌块密度等级（单位为 kg/m³），分为 700、800、900、1000、1100、1200、1300、1400 共八级（除自燃煤矸石掺量不小于砌块质量 35% 的砌块外，其他砌块的最大密度等级为 1200）。

3）按砌块强度等级，分为 MU2.5、MU3.5、MU5.0、MU7.5、MU10.0 五级。

4）按砌块尺寸允许偏差和外观质量，分为优等品（A）、一等品（B）和合格品（C）三个等级。

5）轻质混凝土小型空心砌块产品的注规格尺寸为 390mm × 190mm × 190mm，其他规格可由供需双方商定。

（3）主要技术性能和质量指标　轻集料混凝土小型空心砌块的技术性能及质量指标应符合国家现行标准《轻集料混凝土小型空心砌块》（GB/T 15229—2011）各项指标的要求。

1）轻集料混凝土小型空心砌块的尺寸允许偏差和外观质量应分别符合国家有关规定。

2）轻集料混凝土小型空心砌块的密度等级应满足有关规定；强度等级应满足表 5-19 的规定。其他如相对含水率、抗冻性等也应满足标准规定。

表 5-19　轻集料混凝土小型空心砌块的强度等级

强度等级	抗压强度等级/MPa		密度等级范围/（kg/m³）
	平　均　值	最　小　值	
2.5	≥2.5	≥2.0	≤800
3.5	≥3.5	≥2.8	≤1000
5.0	≥5.0	≥4.0	≤1200
7.5	≥7.5	≥6.0	≤1200① ≤1300②
10.0	≥10.0	≥8.0	≤1300① ≤1400②

注：当砌块的抗压强度同时满足两个或两个以上强度等级要求时，以最高强度为准。
① 除自燃煤矸石掺量不小于砌块质量 35% 以外的其他砌块。
② 自燃煤矸石掺量不小于砌块质量 35% 的砌块。

4. 粉煤灰混凝土小型空心砌块

粉煤灰混凝土小型空心砌块是以粉煤灰、水泥、集料、水为主要组分（也可加入外加剂等）制成的混凝土小型空心砌块，以下简称砌块。

（1）产品分类

1）按砌块孔的排数分为：单排孔、双排孔和多排孔三类。

2）按砌块密度等级（单位为 kg/m³）分为：600、700、800、900、1000、1200 和 1400 七个等级。

3）按砌块抗压强度分为：MU3.5、MU5、MU7.5、MU10、MU15 和 MU20 六个等级。

主规格尺寸为 390mm×190mm×190mm，其他规格尺寸可由供需双方商定。

（2）产品标记　产品按下列顺序进行标记：代号（FHB）、分类、规格尺寸、密度等级、强度等级、标准编号。如规格尺寸为 390mm×190mm×190mm、密度等级为 800 级、强度等级为 MU5 的双排孔砌块标记为：FHB2　390×190×190　800　MU 5　JC/T 862—2008。

（3）技术要求

1）尺寸偏差和外观质量。尺寸允许偏差和外观质量应符合表 5-20 的规定。

表 5-20　粉煤灰混凝土小型空心砌块的尺寸允许偏差和外观质量

项　　目		指　　标
尺寸允许偏差/mm	长度	±2
	宽度	±2
	高度	±2
最小外壁厚，不小于/mm	用于承重墙体	30
	用于非承重墙体	20
肋厚，不小于/mm	用于承重墙体	25
	用于非承重墙体	15

（续）

项　　目		指　　标
缺棱掉角	个数,不多于/个	2
	3 个方向投影的最小值,不大于/mm	20
裂缝延伸投影的累计尺寸,不大于/mm		20
弯曲,不大于/mm		2

2）强度等级。强度等级应符合表 5-21 的规定。

表 5-21　粉煤灰混凝土小型空心砌块的强度等级

强度等级	砌块抗压强度/MPa		强度等级	砌块抗压强度/MPa	
	平均值不小于	单块最小值不小于		平均值不小于	单块最小值不小于
MU3.5	3.5	2.8	MU10	10.0	8.0
MU5	5.0	4.0	MU15	15.0	12.0
MU7.5	7.5	6.0	MU20	20.0	16.0

（4）应用　目前，粉煤灰混凝土小型空心砌块已在全国许多城市的一些建筑中得到应用，使用效果较好。据有关部门测算，与实心黏土砖相比，采用粉煤灰混凝土小型空心砌块作墙体材料，可降低墙体自重约 1/3；提高建筑物的抗震性；建筑物基础工程造价可降低约 10%；施工效率提高 3～4 倍；砌筑砂浆的用量可节约 60% 以上；增加建筑使用面积；提高建筑物使用系数 4%～6%；建筑总造价可降低 3%～10%；建筑物保温效果提高 30%～50%；可降低建筑能耗。另外，它还具有隔声、抗渗、方便装修、利废、环保等优点，经济效益、环境效益和社会效益均十分明显。

5.2.3　墙用板材

墙用板材是一种新型墙体材料。它改变了墙体砌筑的传统工艺，采用黏结、组合等方法进行墙体施工，加快了建筑施工的速度。墙用板材除轻质外，还具有保温、隔热、隔声、防水及自承重的性能。有的轻型墙用板材还具有高强和绝热性能，从而为高层、大跨度建筑及建筑工业实现现代化提供了很好的墙体材料。

墙用板材的种类很多，主要包括加气混凝土板、石膏板、石棉水泥板、玻璃纤维增强水泥板、铝合金板、稻草板、植物纤维板和铝塑复合墙板等类型。

1. 石膏板

石膏板包括纸面石膏板、纤维石膏板及石膏空心条板三种。

（1）纸面石膏板　纸面石膏板是以建筑石膏为主要原料，掺入某些纤维和外加剂所组成的芯材，并与之牢固地结合在一起的护面纸所组成的建筑板材。主要包括普通纸面石膏板、防火纸面石膏板和防水纸面石膏板三个品种。

根据形状的不同，纸面石膏板的板边有矩形、45°倒角形、楔形、半圆形和圆形五种。

纸面石膏板具有轻质、高强、绝热、防火、防水、吸声、可加工、施工方便等特点。

普通纸面石膏板适用于建筑物的围护墙、内隔墙和吊顶。在厨房、厕所以及空气相对湿度经常大于 70% 的潮湿环境使用时，必须采用相应的防潮措施。

防水纸面石膏板的纸面经过防水处理，而且石膏芯材也含有防水成分，因而适用于湿度较大的房间墙面。防水纸面石膏板有石膏外墙衬板、耐水石膏衬板两种,可用于卫生间、厨房、浴室等贴瓷砖、金属板、塑料面砖墙的衬板。

(2)纤维石膏板 纤维石膏板是以石膏为主要原料,加入适量有机或无机纤维和外加剂,经打浆、铺浆脱水、成型、干燥而成的一种板材。纤维石膏板主要用于工业与民用建筑的非承重内墙、天棚吊顶及内墙贴面等。

(3)石膏空心条板 它是以建筑石膏为基材,掺入无机轻集料和无机纤维增强材料制成的空心条板。主要用于建筑的非承重内墙,其特点是无需龙骨。

2. 蒸压加气混凝土板

蒸压加气混凝土板主要包括蒸压加气混凝土条板和蒸压加气混凝土拼装墙板。

(1)蒸压加气混凝土条板 蒸压加气混凝土条板是以水泥、石灰和硅质材料为基本原料,以铝粉为发气剂,配以钢筋网片,经过配料、搅拌、成型和蒸压养护等工艺制成的轻质板材。

蒸压加气混凝土条板具有密度小,防火性和保温性能好,可钉、可锯、容易加工等特点。

蒸压加气混凝土条板主要用于工业与民用建筑的外墙和内隔墙。

(2)蒸压加气混凝土拼装墙板 蒸压加气拼装墙板是以加气混凝土条板为主要材料,经切锯、粘结和钢筋连接制成的整间外墙板。该墙板具有加气混凝土条板的性能,且拼装和安装简便、施工速度快。其规格尺寸可按设计需要进行加工。

墙板拼装有两种形式:一种为组合拼装大板,即小板在拼装台上用方木和螺栓组合锚固成大板;另一种为胶合拼装大板,即板材用粘结力较强的粘结剂粘合,并在板间竖向安置钢筋。

蒸压加气混凝土拼装墙板主要应用于大模板体系建筑的外墙。

3. 纤维水泥板

纤维水泥板是以水泥砂浆或净浆作基材,以非连续的短纤维或连续的长纤维作增强材料所组成的一种水泥基复合材料。纤维水泥板包括玻璃纤维增强水泥板、GRC 轻质多孔墙板、石棉水泥板等。

(1)玻璃纤维增强水泥板 又称玻璃纤维增强水泥条板,是一种新型墙体材料,近年来广泛应用于工业与民用建筑中,尤其是在高层建筑物中的内隔墙。该水泥板是用抗碱玻璃纤维作增强材料,以水泥砂浆为胶结材料,经成型、养护而成的一种复合材料。此水泥板具有强度高、韧性好、抗裂性优良等特点,主要用于非承重和半承重构件,可用来制造外墙板、复合外墙板、天花板、永久性模板等。

(2)GRC(即玻璃纤维增强水泥)轻质多孔墙板 GRC 轻质多孔墙板是我国近年来发展起来的轻质高强的新型建筑材料。GRC 轻质多孔墙板的特点是质量轻、强度高,防潮、保温、不燃、隔声、厚度薄,可锯、可钻、可钉、可刨、加工性能良好,原材料来源广,成本低,节省资源等。GRC 板价格适中,施工简便,安装施工速度快,比砌砖快了 3 ~ 5 倍。安装过程中避免了湿作业,改善了施工环境。它的质量约为黏土砖的 1/6 ~ 1/8,在高层建筑中应用能够大大减轻自重,缩小了基础及主体结构规模,降低了总造价。它的厚度为 60 ~ 120mm,条板宽度为 600mm 或 900mm,房间使用面积可扩大 6% ~ 8%(按每间房 16m² 计)。

(3)石棉水泥板 石棉水泥板是用石棉作增强材料,水泥净浆作基材制成的板材。按形状分平板和半波板两种;按其物理性能等级分一类板、二类板和三类板三类;按其尺寸偏差可分为优等品和合格品两种。

石棉水泥板具有较高的抗拉、抗折强度及防水、耐蚀性能，且锯、钻、钉等加工性能好，干燥状态下还有较高的电绝缘性，主要可作复合外墙板的外层、隔墙板、吸声吊顶板、通风板和电绝缘板等。

4. 泰柏板

泰柏板是一种轻质复合墙板，是由三维空间焊接钢丝网架和泡沫塑料（聚苯乙烯）芯组成，而后喷涂或抹水泥砂浆制成的一种轻质板材。泰柏板强度高（有足够的轴向和横向强度）、质量轻（以100mm厚的板材与半砖墙和一砖墙相比，可减少质量54%~76%，从而降低了基础和框架的造价）、不碎裂（抗震性能好以及防水性能好），具有隔热（保温隔热性能佳，优于两砖半墙的保温隔热性能）、隔声、防火、防震、防潮、抗冻等优良性能，适用于民用、商业和工业建筑作墙体、地板及屋面等。

该板可任意裁剪、拼装与连接，两侧铺抹水泥砂浆后，可形成完整的墙板。泰柏板可用作各种建筑的内外填充墙，亦可用于房屋加层改造各种异型建筑物，并且可作屋面板使用（跨度3m以内），免做隔热层，其表面还可作各种装饰面层。采用该墙板可降低工程造价13%以上并增加房屋的使用面积（高层公寓14%，宾馆11%，其他建筑根据设计相应减少）。目前，该产品已大量应用在高层框架加层建筑、农村住宅的围护外墙和轻质隔墙、外墙外保温层。

5. 铝塑复合墙板

铝塑复合墙板简称铝塑板，是由经过表面处理并涂装烤漆的铝板作为表层，聚乙烯塑料板作为芯层，经过一系列工艺过程加工复合而成的新型材料。铝塑板是由性质不同的两种材料（金属与非金属）组成，它既保留了原组成材料（金属铝、非金属聚乙烯塑料）的主要特性，又克服了原组成材料的不足，进而获得了众多优异的材料性能，如豪华美观、艳丽多彩的装饰性；耐腐蚀、耐冲击、防火、防潮、隔热、隔声、抗震；质轻、易加工成型、易搬运安装、可快速施工等。这些性能为铝塑板开辟了广阔的运用前景。

6. 混凝土大型墙板

混凝土大型墙板是用混凝土预制的重型墙板，主要用于多、高层现浇或预制民用房屋建筑的外墙和单层工业厂房的外墙。按其材料品种可分为普通混凝土空心墙板、轻集料混凝土墙板和硅酸盐混凝土墙板；按其表面装饰情况可分为不带饰面的一般混凝土外墙板和带饰面的混凝土幕墙板。

7. 植物纤维水泥板

植物纤维水泥板是指以木纤维或以农作物秸秆为主的植物纤维为增强材料而制成的一类纤维水泥板。主要品种包括木纤维增强水泥空心墙板（PRC板）、水泥刨花板、水泥木屑板、水泥丝板以及植物纤维水泥板。

课题 3　砌体材料的检测

5.3.1　烧结普通砖的检测

1. 本课题试验采用的标准及规范

1)《砌墙砖试验方法》（GB/T 2542—2003）。

2）《烧结普通砖》（GB 5101—2003）。

3）《烧结多孔砖和多孔砌块》（GB 13544—2011）。

4）《混凝土小型空心砌块试验方法》（GB/T 4111—1997）。

2. 烧结普通砖抽样方法及相关规定

砌墙砖检验批的批量，宜在 3.5 万～15 万块范围内，但不得超过一条生产线的日产量。抽样数量由检验项目确定，必要时可增加适当的备用砖样。有两个以上的检验项目时，非破损检验项目（如外观质量、尺寸偏差、体积密度、空隙率）的砖样，允许在检验后继续用作其他项，此时抽样数量可不包括重复使用的样品数。

对检验批中可抽样的砖垛、砖垛中的砖层和砖层中的砖块位置等，应各依一定的顺序进行编号。编号不需标在实体上，只需做到有明确的起点位置和顺序即可。凡需从检验后的样品中继续抽样供其他项试验者，在抽样过程中，要按顺序在砖样上写号，作为继续抽样的位置顺序。

根据砖样批中可抽样的砖垛数与抽样数，由表 5-22 决定抽样的砖垛数和砖样数。从检验过的样品中抽样，按所需的抽样数量先从表 5-23 中查出抽样的起点范围及间隔，然后从其规定的范围内确定一个随机数字，即得到抽样起点的位置和抽样间隔，并由此实施抽样。抽样数量按表 5-24 执行。

表 5-22　从砖垛中抽样的规则

抽样数量/块	可抽样砖垛数/垛	抽样砖垛数/垛	垛中抽样数/块
50	≥250	50	1
	125～250	25	2
	<125	10	5
20	≥100	20	1
	<100	10	2
10 或 5	任意	10 或 5	1

表 5-23　从砖样中抽样的规则

检验过的砖样数/块	抽样数量/块	抽样起点范围	抽样间隔/块
50	20	1～10	
	10	1～5	4
	5	1～10	9
20	10	1～2	1
	5	1～4	3

表 5-24　抽样数量的确定

序　号	检验项目	抽样数量/块	序　号	检验项目	抽样数量/块
1	外观质量	50（$n_1 = n_2 = 50$）	5	石灰爆裂	5
2	尺寸偏差	20	6	吸水率和饱和系数	5
3	强度等级	10	7	冻融	5
4	泛霜	5	8	放射性	4

注：n_1、n_2 代表两次抽样。

　　抽样过程中不论抽样位置上砖样的质量如何，不允许以任何理由以其他砖样代替。抽取样品后在样品上标志表示检验内容的编号，检验时不允许变更检验内容。

3. 尺寸测量

（1）试验目的　检测砖试样的几何尺寸是否符合标准。

（2）主要仪器设备　砖用卡尺，分度值为 0.5mm（见图 5-5）。

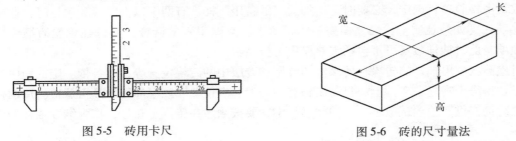

图 5-5　砖用卡尺　　　　　　　　　　　图 5-6　砖的尺寸量法

　　（3）测量方法　砖样的长度和宽度应在砖的两个大面的中间处分别测量两个尺寸，高度应在砖的两个条面的中间处分别测量两个尺寸（见图 5-6）。当被测处缺损或凸出时，可在其旁边测量，但应选择不利的一侧进行测量。

　　（4）结果计算与数据处理　本试验以 5 块砖作为 1 个样本。结果分别以长度、宽度和高度的平均偏差及极差（最大偏差）值表示，不足 1mm 者按 1mm 计。将结果记录在相关检测报告中。

4. 外观检查

（1）试验目的　用于检查砖外表的完好程度。

（2）主要仪器设备　砖用卡尺，分度值为 0.5mm；钢直尺，分度值为 1mm。

（3）试验方法与步骤

　　1）缺损。缺棱掉角在砖上造成的破损程度，以破损部分对长、宽、高 3 个棱边的投影尺寸来度量，称为破坏尺寸。缺损造成的破坏面是指缺损部分对条面、顶面（空心砖为条面、大面）的投影面积。破坏尺寸和投影面积如图 5-7 所示（图中 l 为长度方向投影量；b 为宽度方向的投影量；d 为高度方向的投影量）。空心砖内壁残缺及肋残缺及肋残缺尺寸，以长度方向的投影尺寸来度量。

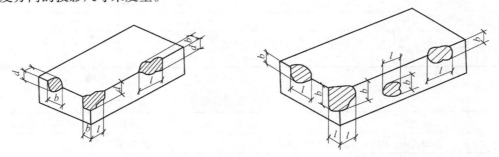

图 5-7　缺损在条、顶面上造成的破坏面量法

　　2）裂纹。裂纹分为长度方向、宽度方向和高度方向三种，以被测方向上的投影长度表示。如果裂纹从 1 个面延伸至其他面上，则累计其延伸的投影长度，如图 5-8 所示。多孔砖

的孔洞与裂纹相通时，则将孔洞包括在裂纹内一并测量，如图 5-9 所示。裂纹长度以在 3 个方向上分别测得的最长裂纹作为测量结果。

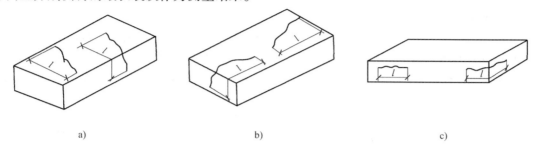

图 5-8 砖裂纹长度量法
a）长度方向延伸 b）宽度方向延伸 c）高度方向延伸

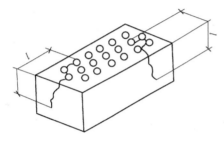

图 5-9 多孔砖裂纹通过孔洞时的尺寸量法

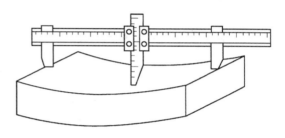

图 5-10 砖的弯曲量法

3）弯曲。分别在大面和条面上测量，测量时将砖用卡尺的两支脚沿棱边两端放置，择其弯曲最大处将垂直尺推至砖面，如图 5-10 所示，但不应将因杂质或碰伤造成的凹陷计算在内。以弯曲测量中测得的较大者作为测量结果。

4）砖杂质凸出高度量法。杂质在砖面上造成的凸出高度，以杂质距砖面的最大距离表示。测量时将砖用卡尺的两支脚置于杂质凸出部分两侧的砖平面上，以垂直尺测量（见图 5-11）。

5）结果计算与数据处理。本试验以 5 块砖作为 1 个样本。外观测量以 mm 为单位，不足 1mm 者均按 1mm 计。

将测试值的最大值及主观评定结果记录在相关检测报告中。

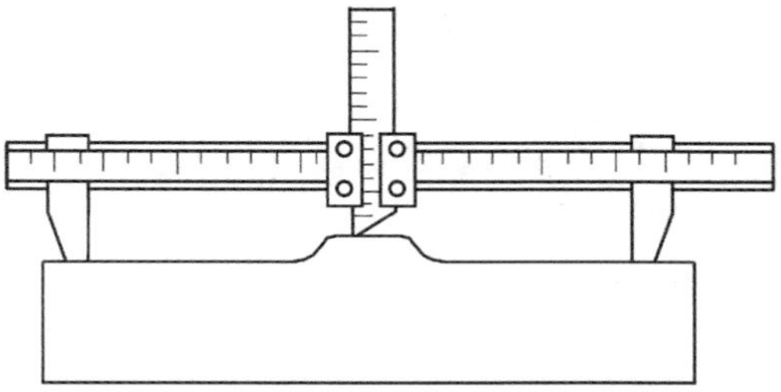

5. 砖的抗折强度测试

（1）试验目的 掌握普通砖抗折强度、抗压强度试验方法，并通过测定砖的抗折强度、抗压强度，确定砖的强度等级。

图 5-11 杂质凸出高度量法

（2）主要仪器设备

1）压力试验机（量程为 300 ~ 600kN）。试验机的示值相对误差不大于 ±1%，预期最大荷载应在最大量程的 20% ~ 80% 之间。

2）砖瓦抗折试验机（或抗折夹具）。抗折试验的加荷形式为 3 点加荷，其上下压辊的曲率半径为 15mm，下支辊应有 1 个为铰支固定。

3）抗压试件制备平台。其表面必须平整，可用金属或其他材料制作。

4）锯砖机、水平尺（规格为 250～350mm）、钢直尺（分度值为 1mm）、抹刀、玻璃板（边长为 160mm，厚 3～5mm）等。

（3）试样准备　烧结砖和蒸压灰砂砖为 5 块，其他砖为 10 块。蒸压灰砂砖应放在温度为（20±5）℃的水中浸泡 24h 后取出，用湿布拭去其表面水分进行抗折强度试验。粉煤灰砖和炉渣砖在养护结束后 24～36h 内进行试验，烧结砖不需浸水及其他处理，直接进行试验。

（4）试验方法与步骤

1）按尺寸测量的规定，测量试样的宽度和高度尺寸各 2 个，并分别取其算术平均值（精确至 1mm）。

2）调整抗折夹具下支辊的跨距为砖规格长度减去 40mm。但规格长度为 190mm 的砖样其跨距为 160mm。

3）将试样大面平放在下支辊上，试样两端面与下支辊的距离应相同。当试样有裂纹或凹陷时，应使有裂纹或凹陷的大面朝下放置，以 50～150N/s 的速度均匀加荷，直至试样断裂，记录最大破坏荷载 P。

（5）结果计算与数据处理

1）每块多孔砖试样的抗折强度以最大破坏荷载乘以换算系数进行计算（精确到0.1kN）。其他品种每块砖样的抗折强度 f_e 按下式计算（精确至 0.1MPa）。

$$f_e = 3PL/2bh^2$$

式中　f_e——砖样试块的抗折强度（MPa）；

P——最大破坏荷载（N）；

L——跨距（mm）；

b——试样宽度（mm）；

h——试样高度（mm）。

2）测试结果以试样抗折强度的算术平均值和单块最小值表示（精确至 0.1MPa）。

6. 砖的抗压强度测试

1. 试验目的和主要仪器设备

试验目的和主要仪器设备与抗折强度测试相同。

2. 试样制备

烧结普通砖、烧结多孔砖和其他砖为 10 块（空心砖大面和条面抗压各 5 块）。非烧结砖也可用抗折强度测试后的试样作为抗压强度试样。

（1）烧结普通砖、非烧结砖的试件制备　将试样切断或锯成两个半截砖，断开后的半截砖长不得小于 100mm，如图 5-12 所示。在试样制备平台上将已断开的半截砖放入室温的净水中浸 10～20min 后取出，并使断口以相反方向叠放，两者中间抹以厚度不超过 5mm 的水泥净浆粘结，上、下两面用厚度不超过 3mm 的同种水泥浆抹平。水泥浆用 32.5 或 42.5 强度等级普通硅酸盐水泥调制，稠度要适宜。制成的试件上、下两面须相互平行，并垂直于侧面，如图 5-13 所示。

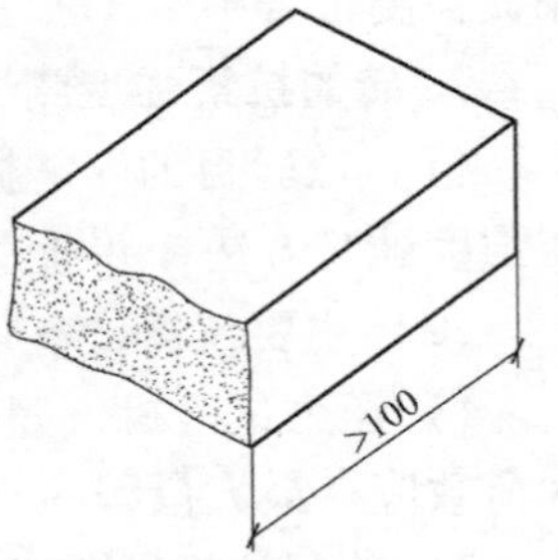

图 5-12　断开的半截砖

（2）多孔砖、空心砖的试件制备　多孔砖以单块整砖沿竖孔方向加压。空心砖以单块整砖沿大面和条面方向分别加压。试件制作采用坐浆法操作。即用1块玻璃板置于水平的试件制备平台上，其上铺1张湿的垫纸，纸上铺1层厚度不超过5mm、用32.5或42.5强度等级普通硅酸盐水泥制成的稠度适宜的水泥净浆，再将经水中浸泡10～20min的多孔试样的受压面平稳地坐放在水泥浆上，在另一受压面上稍加压力，使整个水泥层与砖的受压面相互粘结，砖的侧面应垂直于玻璃板。待水泥浆适当凝固后，连同玻璃板翻放在另一铺纸放浆的玻璃板上，再进行坐浆，并用水平尺校正上玻璃板，使之水平。

制成的抹面试件应置于温度不低于10℃的不通风室内养护3d，再进行强度测试。非烧结砖不需要养护，可直接进行测试，如图5-14所示。

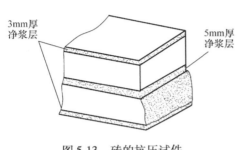

图5-13　砖的抗压试件

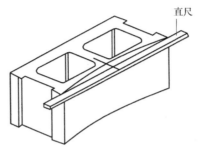

图5-14　弯曲测量法

3. 试验方法与步骤

测量每个试件连接面或受压面的长、宽尺寸各2个，分别取其平均值（精确至1mm）。将试件平放在加压板的中央，垂直于受压面加荷，加荷过程应均匀平稳，不得发生冲击或振动，加荷速度以4kN/s为宜，直至试件破坏为止，记录最大破坏荷载P。

4. 结果计算与数据处理

1）结果计算。每块试样的抗压强度f_p按下式计算（精确至0.1MPa）。

$$f_p = P/Lb$$

式中　f_p——砖样试件的抗压强度（MPa）；

　　　P——最大破坏荷载（N）；

　　　L——试件受压面（连接面）的长度（mm）；

　　　b——试件受压面（连接面）的宽度（mm）。

2）结果评定。

①试验后抗折和抗压按以下两式分别计算出变异系数和标准差。

$$\delta = \frac{S}{\bar{f}}$$

$$S = \sqrt{\frac{1}{9}\sum_{i=1}^{10}(f_i - \bar{f})^2}$$

式中　δ——砖强度变异系数，精确至0.01；

　　　S——10块试样的抗压强度标准差（MPa），精确至0.01；

$\bar{f}$——10 块试样的抗压强度平均值（MPa），精确至 0.01；

f_i——单块试样抗压强度测定值（MPa），精确至 0.01。

②当变异系数 $\delta \leqslant 0.21$ 时，按抗压强度平均值 $\bar{f}$ 和强度标准值 f_k 指标评定砖的强度等级。样本量 $n = 10$ 时的强度标准值按下式计算。

$$f_k = \bar{f} - 1.8S$$

式中 f_k——强度标准值（MPa）。

③当变异系数 $\delta > 0.21$ 时，按抗压强度平均值 $\bar{f}$ 和单块最小抗压强度值 f_{min} 指标评定砖的强度等级。

5.3.2 混凝土小型砌块尺寸测量和外观检查

1. 普通混凝土小型空心砌块的取样

以同一种原材料配成同强度等级的混凝土以及同一种工艺制成的同等级的 1 万块砌块为 1 批，砌块数量不足 1 万块时也为 1 批。由外观合格的样品中随机抽取 5 块作抗压强度检验。

2. 试验目的

掌握混凝土小型空心砌块的尺寸和外观的试验方法。

3. 主要仪器设备

钢直尺或钢卷尺，分度值为 1mm。

4. 试验方法与步骤

（1）尺寸测量

1）长度在条面的中间，宽度在顶面的中间，高度在顶面的中间测量。每项在对应两面各测一次，精确至 1mm。

2）壁、肋厚在最小部位测量，选两处各测一次，精确至 1mm。

（2）外观质量检查

1）弯曲测量。将直尺贴靠坐浆面、铺浆面和条面，测量直尺与试件之间的最大间距（见图 5-14），精确至 1mm。

2）缺棱掉角检查。将直尺贴靠棱边，测量缺棱掉角在长、宽、高三个方向的投影尺寸，精确至 1mm，如图 5-15 所示（图中 l_1 和 l_2 为缺棱掉角在长度方向的尺寸；b_1 和 b_2 为缺棱掉角在宽度方向的尺寸；h_1 和 h_2 为缺棱掉角在高度方向的尺寸）。

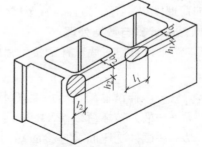

图 5-15 缺棱掉角尺寸测量法

3）裂纹检查。用钢直尺测量裂纹在所在面上的最大投影尺寸（如图 5-16 中的 l_1 或 h_2），如裂纹由一个面延伸到另一个面时，则累计其延伸的投影尺寸（如图 5-16 中的 $b_1 + h_1$），精确至 1mm，如图 5-16 所示（图中 l_1 为裂纹在长度方向的尺寸；b_1 为裂纹在宽度方向的尺寸；h_1 和 h_2 为裂纹

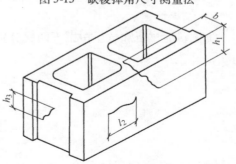

图 5-16 裂纹长度测量法

在高度方向的尺寸）。

5. 结果计算与数据处理

1）试件的尺寸偏差以实际测量的长度、宽度和高度与规定尺寸的差值表示。

2）弯曲、缺棱掉角和裂纹长度的测量结果以最大测量值表示。

3）将结果记录在相关检测报告中。

5.3.3　混凝土小型砌块抗压强度试验

1. 试验目的

掌握混凝土小型空心砌块的抗折、抗压强度试验方法，并通过测定小型空心砌块抗折、抗压强度，确定砌块的强度等级。

2. 主要仪器设备

1）材料试验机。示值误差应不大于 2%，其量程选择应能使试件的预期破坏荷载落在满量程的 20%～80% 范围内。

2）钢板。厚度不小于 10mm，平面尺寸应大于 440mm×240mm。钢板的一面需平整，精度要求在长度方向范围内的平面度不大于 0.1mm。

3）玻璃平板。厚度不小于 6mm，平面尺寸与钢板的要求同。

4）水平尺。

3. 试样制备

1）试件数量为 5 个砌块。

2）处理试件的坐浆面和铺浆面，使之成为互相平行的平面。将钢板置于稳固的底座上，平整面向上，用水平尺调至水平。在钢板上先薄薄地涂一层机油，或铺一层湿纸，然后平铺一层 1:2 的水泥砂浆（强度等级在 32.5 以上的普通硅酸盐水泥；细砂，加入适量的水），将试件的坐浆面湿润后平稳地压入砂浆层内，使砂浆层尽可能均匀，厚度为 3～5mm。将多余的砂浆沿试件棱边刮掉，静置 24h 以后，再按上述方法处理试件的铺浆面。为使两面能彼此平行，在处理铺浆面时，应将水平尺置于现已向上的坐浆面上调至水平。在温度 10℃ 以上不通风的室内养护 3d 后做抗压强度试验。

3）为缩短时间，也可在坐浆面砂浆层处理后，不经静置立即在向上的铺浆面上铺一层砂浆，压上事先涂油的玻璃平板，边压边观察砂浆层，将气泡全部排除，并用水平尺调至水平，直至砂浆层平且均匀，厚度达 3～5mm。

4. 试验方法与步骤

1）按前面所述的方法测量每个试件的长度和宽度，分别求出各个方向的平均值，精确至 1mm。

2）将试件置于试验机承压板上，使试件的轴线与试验机压板的压力中心重合，以 10～30kN/s 的速度加荷，直至试件破坏，并记录最大破坏荷载 P。

当试验机压板不足以覆盖试件受压面时，可在试件的上、下承压面加辅助钢压板。辅助钢压板的表面光洁度应与试验机原压板同，其厚度至少为原压板边至辅助钢压板最远角距离的 1/3。

5. 结果计算与数据处理

1）每个试件的抗压强度按下式计算，精确至 0.1MPa。

$$f_q = P/LB$$

式中 f_q——试件的抗压强度（MPa）；

       P——破坏荷载（N）；

       L——受压面的长度（mm）；

       B——受压面的宽度（mm）。

2）试验结果以 5 个试件抗压强度的算术平均值和单块最小值表示，精确至 0.1MPa。

3）将上述结果记录在相关检测报告中。

5.3.4 混凝土小型砌块抗折强度试验

1. 试验目的

试验目的与抗压强度试验相同。

2. 主要仪器设备

1）材料试验机的技术要求同抗压强度试验。

2）钢棒。直径 35～40mm，长度 210mm，数量为 3 根。

3）抗折支座。由安放在底板上的两根钢棒组成，其中至少有 1 根是可以自由滚动的（见图 5-17）。

3. 试样制备

试件数量、尺寸测量及试件表面处理同抗压强度试验。表面处理后应将试件孔洞处的砂浆层打掉。

4. 试验方法与步骤

1）将抗折支座置于材料试验机承压板上，调整钢棒轴线间的距离，使其等于试件长度减一个坐浆面处的肋厚，再使抗折支座的中线与试验机压板的压力中心重合。

2）将试件的坐浆面置于抗折支座上。

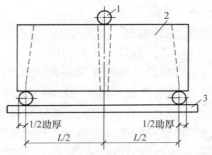

图 5-17 抗折强度示意图
1—钢棒 2—试件 3—抗折支座

3）在试件的上部 1/2 长度处放置 1 根钢棒（见图5-17）。

4）以 250N/s 的速度加荷直至试件破坏，并记录最大破坏荷载 P。

5. 结果计算与数据处理

1）每个试件的抗折强度按下式计算，精确至 0.1MPa。

$$f_z = 3PL/2BH^2$$

式中 f_z——试件的抗折强度（MPa）；

       P——破坏荷载（N）；

       L——抗折支座上两钢棒轴心间距（mm）；

       B——试件宽度（mm）；

       H——试件高度（mm）。

2）试验结果以 5 个试件抗压强度的算术平均值和单块最小值表示，精确至 0.1MPa。

3）将上述结果记录在相关的检测报告中。

单元小结

砌体材料是房屋建筑材料中的重要部分，因为它是组成建筑围护结构的基本材料。由于其原材料来源广泛、价格便宜、耐久性和热工性能良好、施工简单，从古老的砖、石砌体逐渐发展为现代的空心砌块砌体、配筋砌体、墙板体系，是历史悠久、使用量大且普遍的一种建筑结构材料。随着建筑材料科学的发展，以及节约能源、节省土地资源的需要，近些年来在砌体材料方面涌现了各种材质和各具特色的板材、块材。在砌体材料中，首先要改变以黏土实心砖为主导地位的状况，这就要大力发展生产能耗低，节省土地资源，保温、隔热性能好的砌体材料，诸如：多孔砖、空心砖、混凝土小型空心砌块、利用各种工业废渣生产的空心砖与砌块、加气混凝土砌块等。

在本单元中，除了对砌体材料的分类、强度等级及参数等相关基本知识进行了简要的介绍外，还重点介绍了各种砌体材料，如多孔砖、空心砖、混凝土小型空心砌块、加气混凝土砌块等产品的品种、规格、性能以及检测和应用的相关内容。

【复习思考题】

5-1　烧结普通砖有哪几个强度等级？其强度等级是如何确定的？

5-2　烧结多孔砖和烧结空心砖有何区别？推广应用多孔砖、空心砖有何意义？

5-3　试述加气混凝土砌块、粉煤灰混凝土小型空心砌块的主要技术性能和应用范围。

5-2　下列几组烧结普通砖试块，养护3d后进行抗压强度试验，测得的抗压强度（MPa）如下，试评定各组的强度等级。

1）16.76、29.12、32.63、15.32、33.06、21.60、18.67、23.60、24.82、23.54。

2）25.31、21.12、25.02、17.49、20.54、16.22、18.53、22.75、17.69、22.04。

单元6 常用建筑钢材及钢筋焊接的性能检测

【单元概述】

本单元主要介绍建筑钢材的种类和性能，其中重点讲解了建筑钢材及建筑钢材焊接性能的检测。

【学习目标】

了解建筑工程中所用的各种钢材，包括钢结构用的各种型钢（圆钢、角钢、槽钢和工字钢）、钢板和钢筋混凝土中的各种钢筋和钢丝等。掌握建筑钢材力学性能、工艺性能；掌握建筑钢材及钢材焊接检测的试验方法和结果评定；具有对钢材屈服强度、抗拉强度与延伸率测定以及评定钢筋强度等级的技术能力；具有进行钢材冷弯试验，对钢筋塑性进行严格检验以及间接测定钢筋内部缺陷的技术能力；具有对钢筋焊件进行拉伸和冷弯检测和结果评定的技术能力。

课题1 常用建筑钢材的技术指标要求

建筑钢材是常用且重要的建筑材料。选用和使用的过程中需要深入了解建筑钢材的分类、钢材的技术性质、化学成分对钢材性能的影响；了解建筑钢材的加工、建筑钢材的标准与选用。同时，也需要熟悉预应力混凝土用钢丝和钢绞线、钢材的选用原则；熟悉在施工过程中钢材的质量控制与保管、钢材的锈蚀与防止和钢材的防火保护等。

6.1.1 钢材的分类

1. 按化学成分分类

（1）碳素钢

1）低碳钢（含碳量≤0.25%）。

2）中碳钢（含碳量在0.25%~0.60%之间）。

3）高碳钢（含碳量>0.6%）。

4）碳素钢结构按含硫量的不同分为A、B、C、D四个质量等级。

（2）合金钢

1）低合金钢（合金元素总量≤5%）；

2）中合金钢（合金元素总量在5%~10%之间）；

3）高合金钢（合金元素总量>10%）。

2. 按品质分类

1）普通钢（磷含量≤0.045%，硫含量≤0.05%）。

2）优质钢（磷含量均≤0.035%）。

3. 按用途和组织分类

主要有：低碳钢和低合金结构钢、铁素体-珠光体型钢、低碳贝氏体型钢、马氏体型调质高强度钢、耐热钢、低温钢、不锈钢等。

6.1.2　常用建筑钢筋的分类

钢筋按强度等级分为 335、400、500 三级。

1）钢筋按生产工艺分为热轧钢筋和热轧后带有控制冷却并自回火处理的钢筋。

2）钢筋牌号的构成及其含义见表 6-1。

表 6-1　钢筋牌号的构成和含义

类　别	牌　号	牌　号　构　成	英 文 字 母 含 义
热轧光圆钢筋	HPB235	由 HPB + 屈服强度特征值构成	HPB——热轧光圆钢筋的英文（Hot rolled Plain Bars）缩写
	HPB300		
普通热轧带肋钢筋	HRB335	由 HRB + 屈服强度特征值构成	HRB——热轧带肋钢筋的英文（Hot rolled Ribbed Bars）缩写
	HRB400		
	HRB500		
细晶粒热轧带肋钢筋	HRBF335	由 HRBF + 屈服强度特征值构成	HRBF——热轧带肋钢筋的英文缩写后加"细的英文"（Fine）首位字母
	HRBF400		
	HRBF500		

6.1.3　型钢分类

钢结构构件一般直接选用各种型钢。型钢是具有确定断面形状且长度和截面周长之比相当大的直条钢材。型钢所用母材主要是碳素结构钢及低合金高强度结构钢。型钢有热轧和冷轧成型两种。按照钢的冶炼质量不同，型钢分为普通型钢和优质型钢。

在我国，普通型钢一般按截面尺寸大小分为大、中和小型型钢。

1）大型型钢：大型型钢中工字钢、槽钢、角钢、扁钢都是热轧的，圆钢、方钢、六角钢除热轧外，还有锻制、冷拉等。

2）中型型钢：中型型钢中工字钢、槽钢、角钢、圆钢、扁钢用途与大型型钢相似。

3）小型型钢：小型型钢中角钢、圆钢、方钢、扁钢加工和用途与大型型钢相似，小直径圆钢常用作建筑钢筋。

普通型钢按其断面形状又可分为工字钢、槽钢、角钢、圆钢、扁钢、方钢等。

工字钢、槽钢、角钢广泛应用于工业建筑和金属结构，如厂房、桥梁、船舶、农机车辆制造、输电铁塔、运输机械等，往往配合使用；扁钢在建筑工地中用作桥梁、房架、栅栏、输电船舶、车辆等；圆钢、方钢用作各种机械零件、农机配件、工具等。

型钢分类见表 6-2。

表 6-2　型 钢 分 类

型钢名称分类		表 示 方 法	表 例
角钢	等边角钢	边宽和厚度/mm	L110×10
	不等边角钢	长边、短边、厚度/mm	L110×70×8
工字钢	普通工字钢	以其截面高度/cm，编号，和 a、b、c 三种不同腹板厚共同表示	136(cm).b
	轻型工字钢		130(cm).a(无 b、c)
	宽翼缘工字钢（H 型钢）		

（续）

型钢名称分类		表示方法	表　例
槽钢	普通槽钢	以其截面高度/mm 进行编号,和 a、b、c 不同腹板厚度表示	28(cm).b
	轻型槽钢		24(cm).a(无 b、c)
扁钢	扁钢	宽和厚/mm	40×6

6.1.4　钢材的主要技术性能

　　建筑钢材作为结构主要的受力材料,需要具有很好的力学性能,其主要的力学性能有抗拉性能、抗冲击性能、耐疲劳性能及硬度,同时还要求具有良好的工艺性能,如冷弯性能和可焊接性能。

1. 钢材的力学性能

　　（1）抗拉性能　在外力作用下,材料抵抗塑性变形或断裂的能力称为抗拉强度。抗拉强度是建筑钢材最主要的技术性能。通过拉伸试验可以测得弹性极限、屈服强度、抗拉强度和延伸率,这些是钢材的重要技术性能指标。低碳钢的抗拉性能可用拉伸时的应力—应变图来阐明。

　　从图 6-1 可以看出低碳钢从受拉到拉断,经历了四个阶段。

　　1）弹性阶段。OA 为弹性阶段。在 OA 范围内,随着荷载的增加,应力和应变成比例增加。如卸去荷载,则轨迹恢复原状,这种特性称为弹性。OA 是一条直线,在此范围内的变形称为弹性变形。A 点所对应的应力值称为弹性极限,

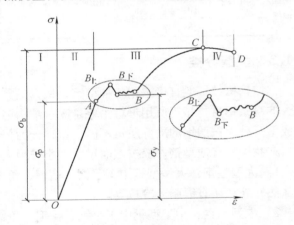

图 6-1　低碳钢拉伸应力—应变图

用 σ_p 表示。在这一范围内,应力与应变的比值为一常量,称为弹性模量,用 E 表示,即 $E = \sigma/\varepsilon$。弹性模量反映了钢材的刚度,是钢材在受力条件下计算结构变形的重要指标。普通碳素钢 Q235 的弹性模量 $E = (2.0 \sim 2.1) \times 10^5 MPa$,弹性极限内 $\sigma_p = 180 \sim 200 MPa$。

　　2）屈服阶段。AB 为屈服阶段。在曲线 AB 范围内,应力与应变不成比例变化。应力超过 σ_p 后,即开始产生塑性变形。应力值达到 $B_上$ 点之后,变形急剧增加,应力则在小范围内波动,直到 B 点为止。$B_上$ 点是屈服上限,当应力到达 $B_上$ 点时,抵抗拉力的能力下降,发生屈服现象。$B_下$ 点是屈服下限,也称为屈服点（即屈服强度）,用 σ_s 表示。σ_s 是屈服阶段应力波动的最低值,它表示钢材在工作状态允许达到的应力值,即在 σ_s 之前,钢材不会发生较大的塑性变形。所以在设计中,一般以屈服点作为强度取值的依据。以普通碳素结构钢 Q235 为例,σ_s 应不小于 235 MPa。对于在外力作用下屈服现象不明显的硬钢类,如高碳钢和某些合金钢,规定在产生残余应变为 0.2% 时的应力作为屈服点,用 $\sigma_{0.2}$ 表示,如图 6-2 所示。常用低碳钢的 σ_s 为 185 ~ 235 MPa。

3）强化阶段。*BC* 为强化阶段。过 *B* 点后，抵抗塑性变形的能力又重新提高，变形发展速度比较快，随着应力的增加而增加。对应于最高点 *C* 的应力，称为抗拉强度，用 σ_b 表示，抗拉强度不能直接利用，但屈服点和抗拉强度的比值（即屈强比）却能反映钢材的安全可靠程度和利用率。

4）颈缩阶段。*CD* 为颈缩阶段。过 *C* 点，材料抵抗变形的能力明显降低。在 *CD* 范围内，应变迅速增加，而应力反而下降，变形不再是均匀的。钢材被拉长，并在变形最大处发生颈缩现象，直至断裂。

根据断裂前产生塑性变形大小的不同，可分为两种类型的断裂：一种是断裂前出现大量塑性变形的延性断裂，常温下低碳钢的拉伸断裂就是延性断裂；另一种是断裂前无显著塑性变形的脆性断裂。脆性断裂发展速度极快，断裂时又无明显预兆，往往给结构物带来严重后果，应防止其出现。

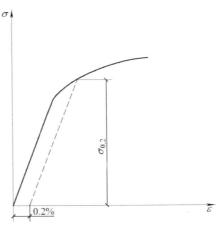

图 6-2　硬钢的条件屈服点

因此，为了确保钢材在构件中的使用安全，钢结构设计应保证构件始终在弹性范围内工作，即应以钢材的弹性极限作为确定容许应力的依据。但是，由于钢材的弹性极限很难测准，多年来就以稍高于弹性极限的屈服强度作为确定容许应力的依据，所以屈服强度 σ_s 是钢结构设计中的一个重要的力学指标。抗拉强度 σ_b 虽不直接用于计算，但屈服强度与抗拉强度之比——屈强比（σ_s/σ_b），在选择钢材时却具有重要意义。一般来说，这个比值较小时，表示结构的安全度较大，即结构由于局部超载而发生破坏的强度储备较大；但是这个比值过小时，则表示钢材强度的利用率偏低，不够经济。相反，若屈强比较大，则表示钢材利用率较大，但比值过大，表示强度储备过小，脆断倾向增加，不够安全。因此这个比值最好保持在 0.6～0.75 之间，既安全又经济。

5）塑性指标。经常用断后伸长率和断面收缩率来评价钢材的塑性，拉断前后的试件如图 6-3 所示。A 与 ψ 值越大，说明材料的塑性越好。

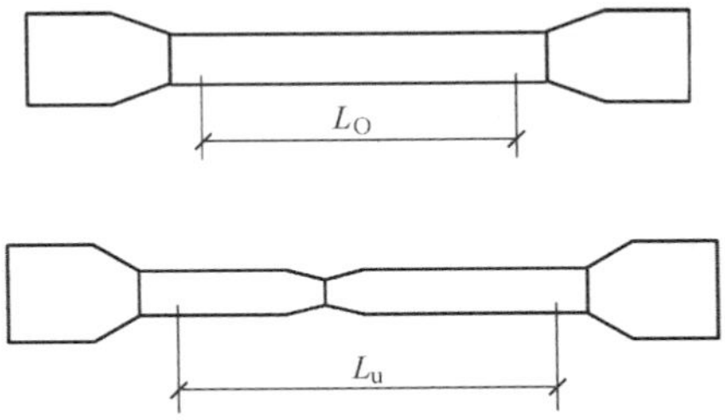

断后伸长率 *A* 或 δ：　　$$A \text{ 或 } \delta = \frac{L_u - L_0}{L_0} \times 100$$

式中　L_0——原始标距（mm）；
　　　　L_u——断后标距（mm）。

断面收缩率 ψ：　　$$\psi = \frac{S_0 - S_u}{S_0} \times 100\%$$

图 6-3　拉断前后的试件

式中　S_0——平行长度部分的原始横截面积（mm^2）；
　　　　S_u——断后最小横截面积（mm^2）。

（2）抗冲击性能　抗冲击性能是钢材抵抗冲击荷载的能力，如硬物撞击。

（3）硬度　硬度是指钢材表面局部体积能抵抗变形或者抵抗破裂的能力。利用硬度和抗拉强度间固定的关系，可以通过硬度值来推知钢材的抗拉强度。

（4）耐疲劳强度　钢材在交变荷载的反复作用下，往往在应力远小于其抗拉强度时就发生破坏，这种现象称为钢材的疲劳破坏。试验证明，钢材承受的交变应力 σ 越大，则钢材至断裂时经受的交变应力循环次数 N 越少，反之越多。

2. 钢材的工艺性能

建筑钢材在使用之前，多数需要进行一定形式的加工处理，所以良好的工艺性能可以保证钢材能够顺利地通过各种处理时钢材制品的质量没有损害。

（1）弯曲性能　弯曲性能是指钢材在常温下承受弯曲变形的能力，是以试验时的弯曲角度 α 和弯心直径 d 为指标表示的。钢材冷弯时的弯曲角度越大，弯心直径越小，则表示其冷弯性能越好。要求钢材按表 6-3 规定的弯心直径弯曲 180° 或 90° 后，钢筋受弯曲部分表面不得产生裂纹。

表 6-3　不同直径钢筋的弯心直径

（单位：mm）

牌号	公称直径 a	弯心直径 d
HRB335	6 ~ 25	$3a$
	28 ~ 50	$4a$
HRB400	6 ~ 25	$4a$
	28 ~ 50	$5a$
HRB500	6 ~ 25	$6a$
	28 ~ 50	$7a$

冷弯试验也是检验钢材塑性的一种方法（见图 6-4），冷变性能与伸长率有一定的关系。伸长率大的钢材，其冷弯性能必然好，但冷弯试验对钢材塑性的评定比拉伸试验更严格、更敏感。冷弯有助于暴露钢材的某些缺陷，如气孔、杂质和裂纹等。对于重要结构和弯曲成型的钢材，冷弯试验结果必须合格。一般来说，钢材的塑性好，冷弯性能也好。

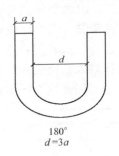 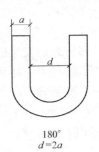  

| 180° $d=3a$ | 180° $d=2a$ | 180° $d=a$ | 180° $d=0$ |

图 6-4　钢材冷弯试验

钢筋还应该具备抗反复弯曲的能力，钢筋反复弯曲试验的弯曲半径见表 6-4。

表 6-4　钢筋反复弯曲试验的弯曲半径　　　　（单位：mm）

钢筋公称直径	4	5	6
弯曲半径	10	15	15

（2）可焊性　建筑工程中，无论是钢结构还是混凝土中的钢筋骨架、接头及埋件连接件等，绝大多数都采用焊接方式连接。焊接的好坏主要取决于钢材的焊接性能、焊接工艺及焊接材料。

钢材的可焊性是指钢材在一定焊接工艺条件下，在焊缝及其附近过热区是否产生裂缝及脆硬倾向，焊接后接头强度是否与母体相近的性能。

在焊接中，由于高温作用和焊接后的急剧冷却作用，焊缝及附近的过热区晶体组织及结构发生变化，产生局部变形及内应力，使焊缝周围的钢材产生硬脆倾向，降低了焊接质量。

低碳钢的可焊性很好，随着碳含量和合金含量的增加，钢材的可焊性减弱。钢中含硫也会使钢材在焊接时产生热脆性。

采用焊前预热和焊后热处理的方法，能提高可焊性差的钢材焊接质量。

（3）冷加工性能　将金属材料于常温下进行冷拉、冷拔或冷轧，使之产生一定的塑性变形，其强度可明显提高，但塑性和韧性有所降低，这个过程称为金属材料的冷加工强化。其冷拉后的应力—应变变化和冷拔加工示意图分别如图 6-5 和图 6-6 所示。

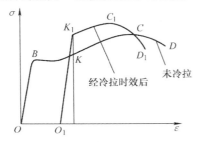

图 6-5　钢筋冷拉后的应力—应变变化　　　　　图 6-6　冷拔加工示意图

1）冷拔。强力拉拔钢筋，使之通过截面小于钢筋截面积的拔丝模（见图 6-6）。

冷拔作用比纯拉伸的作用强烈，钢筋不仅受拉，而且同时受到挤压作用。经过一次或多次冷拔后得到的冷拔低碳钢丝，其屈服点可提高 40% ~ 60%，但失去软钢的塑性和韧性，而具有硬质钢材的特点。

2）冷轧。将圆钢在轧钢机上轧成断面形状规则的钢筋，可提高其强度及其与混凝土的粘结力。钢筋在冷轧时，纵向与横向同时产生变形，因而能较好地保持其塑性和内部结构的均匀性。

3）冷加工工程效益。钢筋经冷拉后，一般屈服点可提高 20% ~ 25%，冷拔钢丝的屈服点可提高 40% ~ 60%。由此可适当减小钢筋混凝土结构设计截面，或减少混凝土中配筋数量，从而达到节约钢材的目的。

钢筋冷拉还有利于简化施工工序。冷拉盘条钢筋可省去开盘和调直工序；冷拉直条钢筋则可与矫直、除锈等工序一并完成。

6.1.5　建筑钢材焊接技术要求

1. 建筑施工中常用的钢材连接方法

钢筋焊接方法见表 6-5。

表 6-5　钢筋焊接方法

焊接方法	主要使用部位	接头示意图	常用检测项目	试样大致尺寸
				cm
闪光对焊	梁、柱		拉伸 冷弯	50 ~ 70

（续）

焊接方法		主要使用部位	接头示意图	常用检测项目	试样大致尺寸 cm
电弧焊	双面帮条焊	梁		拉伸	50～70
	单面帮条焊	梁		拉伸	
	双面搭接焊	梁		拉伸	
	单面搭接焊	梁		拉伸	
电渣压力焊		柱		拉伸	
气压焊		梁、柱		拉伸	

2. 力学性能指标

3 个钢筋接头试件的抗拉强度均不得小于该牌号钢筋规定的抗拉强度；HRB400 钢筋接头试件的抗拉强度均不得小于 570N/mm^2；3 个试件中至少应有 2 个试件断于焊缝之外，并应成延伸性断裂。

3. 弯曲性能指标

闪光对焊接头和气压焊接头需进行弯曲试验，电弧焊和电渣压力焊不进行弯曲试验，其弯心半径和弯心角见表6-6。

表 6-6　不同钢筋牌号下的弯心半径和弯心角

钢筋牌号	弯心半径/mm	弯心角（°）	钢筋牌号	弯心半径/mm	弯心角（°）
HPB235	2d	90	HRB400、RRB400	5d	90
HRB235	4d	90	HRB500	7d	90

注：1. d 为钢筋直径。

　　2. 直径大于 25mm 的钢筋焊接接头，弯心直径应增加 1 倍钢筋直径。

课题 2　建筑钢材检测标准与试验

建筑钢材检测对控制建筑工程质量非常重要。要求在学习的过程中查阅相关检测标准，使用相关的试验仪器，按试验步骤进行操作试验，完成钢筋拉伸性能与弯曲性能的检测任务，填写相应的试验记录（见附录8），并能对检测数据进行处理和分析。

6.2.1　建筑钢材取样

1. 热轧钢筋

（1）组批规则　以同一牌号、同一炉罐号、同一规格、同一交货状态，不超过60t 的钢筋为1批。

（2）取样方法

1）拉伸试验：任选2根钢筋切取两个试样，试样长500mm。

2）冷弯试验：任选2根钢筋切取2个试样，试样长度按下式计算。

$$L = 1.55 \times (a + d) + 140mm$$

式中　L——试样长度（mm）；

　　　a——钢筋公称直径（mm）；

　　　d——弯曲压头或弯心直径（mm）。

按表6-7选取钢筋牌号（强度等级）。

表6-7　钢筋牌号的确定

强 度 等 级	HPB235	HRB335	HRB400	HRB500
直径/mm	8～20	12～50	12～50	12～50
弯心直径/mm	$1a$	$3a$	$5a$	$6a$

在切取试样时，应将钢筋端头的500mm 去掉后再切取。

2. 低碳钢热轧圆盘条

（1）组批规则　以同一牌号、同一炉罐号、同一品种、同一尺寸、同一交货状态，不超过60t 为1批。

（2）取样方法

1）拉伸检验：任选1盘，从该盘的任一端切取1个试样，试样长500mm。

2）弯曲检验：任选2盘，从每盘的任一端各切取1个试样，试样长200mm。

在切取试样时，应将端头的500mm 去掉后再切取。

3. 冷拔低碳钢丝

（1）组批规则　甲级钢丝逐盘检验。乙级钢丝以同直径5t 为1批任选3盘检验。

（2）取样方法　从每盘上任一端截去不少于500mm 后，再取2个试样，1个拉伸，1个反复弯曲，拉伸试样长500mm，反复弯曲试样长200mm。

4. 冷轧带肋钢筋

1）冷轧带肋钢筋的力学性能和工艺性能应逐盘检验，从每盘任一端截去500mm 以后，取2个试样，拉伸试样长500mm，冷弯试样长200mm。

2）对成捆供应的550级冷轧带肋钢筋应逐捆检验。从每捆中同一根钢筋上截取2个试样，其中拉伸试样长500mm，冷弯试样长250mm。如果检验结果有一项达不到标准规定。应从该捆钢筋中取双倍试样进行复验。

6.2.2　建筑钢材拉伸试验

本试验可在老师指导下，结合各类试验机的拉伸试验使用说明完成，由于各类试验机的不同，因此本试验略去了试验步骤。

1. 目的

1)《金属材料 拉伸试验 第一部分：室温试验方法》（GB/T 228.1—2010）中将屈服强度定义为上屈服强度（R_{eH}）和下屈服强度（R_{eL}），取代了屈服点（σ_s）和屈服强度上限，同时将条件屈服点（$\sigma_{0.2}$）以规定塑性延伸强度（R_p）替代，但是在目前的建筑设计行业中，很多相关标准并没有发生变化，尤其是很多建筑设计院，依然采用屈服点（σ_s）和条件屈服点（$\sigma_{0.2}$）作为设计的依据。因此在做本试验中，由于行业的不同，需要能够正确区分得出的试验结果。

2)掌握试验机的使用方法和操作步骤，并能正确得出原始标距、断后标距、上屈服强度、屈服点、下屈服强度以及抗拉强度。

2. 试验设备

1)试验机。试验机应符合以下要求：

①各种类型试验机均可使用，试验机误差应符合《拉力、压力和万能试验机检定规程》（JJG 139—1999）。

②试验机应具备有调速指示装置，试验时能在本标准规定的速度范围内灵活调节。

③试验机应具有记录或显示装置，能满足本标准测定力学性能的要求。

④试验机应由计量部门定期进行检定。试验时所使用力的范围应在检定范围内。

2)标距打点机。

3)千分尺、游标尺、钢板尺。

3. 试验中几个重要的量

(1) 原始标距和断后标距

1)原始标距。原始标距 L_0 指的是施力前的试样标距。应用小标记、细划线或细墨线标记原始标距，但不得用引起过早断裂的缺口作标记。对于比例试样，如果原始标距的计算值与其标记值之差小于10%L（L指的是测量伸长用的试样圆柱或棱柱部分的长度），可将原始标距的计算按《数值修约规则与极限数值的表示和判定》（GB/T 8170—2008）修约至最接近5mm的倍数。原始标距的标记应准确到±1%。

2)断后标距。断后标距 L_u 指的是在室温下将断后的两部分试样紧密地对接在一起，保证两部分的轴线位于同一条直线上，测量试样断裂后的标距。

(2) 断后伸长率和断面收缩率　两种指标的计算和意义见6.1.4。

(3) 屈服点　屈服阶段的最低点即为屈服点（σ_s）。

(4) 上屈服强度（R_{eH}）和下屈服强度（R_{eL}）的判定

1)屈服前的一个峰值应力判为上屈服强度 R_{eH}，无论此后的峰值应力比它大或比它小。

2)若屈服阶段中呈现两个或两个以上的谷值应力，舍去第一个谷值应力（第一个极小值应力）不计，取其谷值应力中之最小者判为下屈服强度 R_{eL}。

3)屈服阶段中呈现屈服平台，平台应力判为下屈服强度；如呈现多个而且后者高于前者的屈服平台，判第一个平台应力为下屈服强度。

（5）试样原始横截面的测定　　圆形试样截面直径应在标距的两端及两个相互垂直的方向上各测 1 次，取其算术平均值，选用三处测得横截面积中最小值，横截面积按下式计算：

$$S_0 = \frac{1}{4}\pi d_2$$

式中　S_0——试样横截面积（mm^2）；

　　　　d——试样截面直径（mm）。

试样原始横截面积测定的方法准确度应符合《金属材料 拉伸试验 第一部分：室温试验方法》（GB/T 228.1—2010）规定的要求。测量时建议按照表 6-8 选取量具或测量装置。应根据测量试样的原始尺寸计算原始横截面积，并至少保留 4 位有效数字。

表 6-8　量具或测量装置的分辨力　　　　　　　　（单位：mm）

横截面尺寸	分辨力不大于	横截面尺寸	分辨力不大于
0.1 ~ 0.5	0.001	2.0 ~ 10.0	0.01
0.5 ~ 2.0	0.005	>10.0	0.05

（6）抗拉强度（R_m）　　抗拉强度按下式计算：

$$R_m = \frac{F_m}{A_0}$$

式中　R_m——钢筋抗拉强度（MPa）；

　　　　F_m——钢筋承受的极限拉力（N）；

　　　　A_0——钢筋的横截面积（mm^2）。

6.2.3　建筑钢材冷弯试验

冷弯是钢材的重要工艺性能，用以检验钢材在常温下承受规定弯曲程度的弯曲变形能力，并显示其缺陷。

工程中经常对钢材进行冷弯加工，冷弯试验就是模拟钢材弯曲加工而确定的。通过冷弯试验不仅能检验钢材适应冷加工的能力和显示钢材内部缺陷（如起层和非金属夹杂）状况，而且由于冷弯时试件中部受弯部位受到冲头挤压以及弯曲和剪切的复杂作用，因此也是考察钢材在复杂应力状态下，塑性变形能力的一项指标。所以，冷弯试验对钢材质量是一种较严格的检验。

1. 目的

掌握钢材冷弯试验的原理和步骤，为施工现场提供正确的试验数据。

2. 试验原理及试验设备

钢筋冷弯试验是钢筋试样首先经受弯曲塑性变形，不改变加力方向，直至达到规定的弯曲角度，然后卸除试验力，检查试样承受变形的性能。通常检查试样弯曲部分的外面、里面和侧面，若弯曲处无裂纹、起层或断裂现象，即可认为冷弯性能合格。

冷弯试验可在压力机或万能试验机上进行，如图 6-7 所示。压力机或万能试验机上应配备弯曲装置。常用弯曲装置有支辊式、V 形模具式、虎钳式、翻板式四种。上述四种弯曲装置的弯曲压头（或弯心）应具有足够的硬度，支辊式的支辊和翻板式的滑块也应具有足够的硬度。

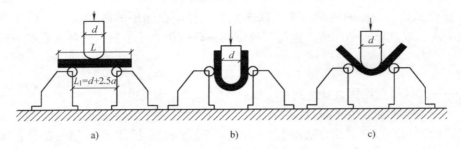

图 6-7　钢筋冷弯试验装置示意图

a）冷弯试件和支座　b）弯曲 180°　c）弯曲 90°

3. 试验步骤

以采用支辊式弯曲装置为例介绍试验步骤。

1）试样放置于两个支点上，将一定直径的弯心在试样 2 个支点中间施加压力，使试样弯曲到规定的角度，或出现裂纹、裂缝、断裂为止。

2）试样在 2 个支点上按一定弯心直径弯曲至两臂平行时，可 1 次完成试验，也可先按 1）弯曲至 90°，然后放置在试验机平板之间继续施加压力至试样两臂平行。

3）试验时应在平稳压力作用下，缓慢施加试验力。

4）弯心直径必须符合相关产品标准中的规定，弯心宽度必须大于试样的宽度或直径，两支辊间距离为 $[(d+3a)\pm0.5a]$ mm，并且在试验过程中不允许有变化。

5）试验应在 $10\sim35$℃下进行，对温度要求严格的试验，应在 (23 ± 2)℃下进行。

6）卸除试验力以后，按有关规定检查并进行结果评定，钢筋试验记录见附录 H。

7）冷弯角度和弯心直径可按表 6-9 选取。

表 6-9　常用钢材的冷弯角度和弯心直径

品　种	强度等级	公称直径 a/mm	弯心直径 d/mm
光圆钢筋	HPB235	$8\sim22$	$180° d=a$
螺纹钢筋	HRB335	$8\sim25$	$180° d=3a$
		$28\sim50$	$180° d=4a$
	HRB400	$8\sim25$	$180° d=4a$
		$28\sim40$	$180° d=5a$
	HRB500	$10\sim25$	$180° d=6a$
		$28\sim32$	$180° d=7a$

4. 钢材冷弯试验的意义

钢材的冷弯性能和其伸长率一样，也是表示钢材在静荷载条件下的塑性。但冷弯是钢材处于不利变形条件下的塑性，而伸长率是反映钢材在均匀变形下的塑性，故冷弯试验是一种比较严格的检验。它能揭示钢材内部组织的均匀性，以及存在内应力或夹杂物等缺陷的程度。在拉伸试验中，这些缺陷常因塑性变形导致应力重分布而反映不出来。

在工程实践中，冷弯试验还被用作检验钢材焊接质量的一种手段，能揭示焊件在受弯表面存在的未熔合、微裂纹和夹杂物。

6.2.4　常用钢材性能评定

1）钢筋混凝土用热轧带肋钢筋的性能指标见表 6-10。

表 6-10　热轧带肋钢筋的力学拉伸性能指标

牌　号	公称直径/mm	σ_s（或 $\sigma_{p0.2}$）/MPa	σ_b/MPa	δ_s（%）
		不小于		
HRB335	6～25 28～50	335	490	16
HRB400	6～25 28～50	400	570	14
HRB500	6～25 28～50	500	630	12

2）钢筋混凝土用热轧光圆钢筋和钢筋混凝土用余热处理钢筋的性能指标见表 6-11。

表 6-11　热轧光圆钢筋和余热处理钢筋的力学性能和工艺性能

类　别	表面形状	钢筋级别	强度等级代号	公称直径/mm	屈服强度 σ_s/MPa	抗拉强度 σ_b/MPa	伸长率 δ_s（%）	冷弯 d—弯心直径/mm a—钢筋公称直径/mm
					不小于			
热轧光圆钢筋	光圆	I	R235	8～20	235	370	25	$180°d=a$
余热处理钢筋	月牙肋	II	KL400	8～25 28～40	440	600	14	$90°d=3a$ $90°d=4a$

3）冷扎带肋钢筋的性能指标见表 6-12。

表 6-12　冷扎带肋钢筋的力学性能和工艺性能

牌　号	σ_b/MPa 不小于	伸长率（%），不小于		弯曲试验 180°	反复弯曲次数	松弛率 γ（%）初始应力 $\sigma_{con}=0.7\sigma_b$	
		δ_{10}	δ_{100}			1000h（%），不大于	10h（%），不大于
CRB550	550	8.0	—	$D=3d$	—	—	—
CRB650	650	—	4.0		3	8	5
CRB800	800	—	4.0		3	8	5
CRB970	970	—	4.0		3	8	5
CRB1170	1170	—	4.0		3	8	5

注：表中 D 为弯心直径，d 为钢筋公称直径。

4）低碳钢热扎圆盘条的性能指标。

①建筑用盘条的力学性能和工艺性能见表 6-13。

表 6-13　盘条的力学性能和工艺性能

牌　号	力　学　性　能			冷弯试验 180° d—弯心直径/mm a—试样直径/mm
	屈服点 σ_s/MPa	抗拉强度 σ_b/MPa	伸长率 δ_{10}（%）	
	不小于			
Q215	215	375	27	$d=0$
Q235	235	410	23	$d=0.5a$

②拉丝盘条的力学性能和工艺性能见表6-14

表6-14 拉丝盘条的力学性能和工艺性能

牌　号	力学性能		冷弯试验180° d—弯心直径/mm a—试样直径/mm
	抗拉强度 σ_b/MPa,不小于	伸长率 δ_{10}(%),不小于	
Q195	390	30	$d=0$
Q215	420	28	$d=0$
Q235	490	23	$d=0.5a$

5）预应力混凝土用钢绞线。

①1×2 结构钢绞线的力学性能应符合表6-15 的规定。

表6-15 1×2 结构钢绞线的力学性能

钢绞线结构	钢绞线公称直径 D_0/mm	抗拉强度 R_m/MPa, 不小于	整根钢绞线的最大力 F_m/kN, 不小于	规定非比例延伸力 $F_{p0.2}$/kN, 不小于	最大力总伸长率 $(L_0 \geqslant 400mm)$ A_{gt}(%), 不小于	应力松弛性能	
						初始负荷相当于公称最大力的百分数(%)	1000h 后应力松弛率 γ(%), 不大于
1×2	5.00	1570	15.4	13.9	对所有规格	对所有规格	对所有规格
		1720	16.9	15.2			
		1850	18.3	16.5			
		1960	19.2	17.3			
	5.80	1570	20.7	18.6			
		1720	22.7	20.4			
		1860	24.6	22.1			
		1960	25.9	23.3			
	8.00	1470	36.9	33.2			
		1570	39.4	35.5	3.5	60	1.0
		1720	43.2	38.9			
		1860	46.7	42.0		70	2.5
		1960	49.2	44.3			
	10.00	1470	57.8	52.0		80	4.5
		1570	61.7	55.5			
		1720	67.6	60.8			
		1860	73.1	65.8			
		1960	77.0	69.3			
	12.00	1470	83.1	74.8			
		1570	88.7	79.8			
		1720	97.2	87.5			
		1860	105	94.5			

注：规定非比例延伸力 $F_{p0.2}$ 值不小于整根钢绞线公称最大力 F_m 的90%。

②1×3 结构钢绞线的力学性能应符合表 6-16 的规定。

表 6-16　1×3 结构钢绞线的力学性能

结构钢绞线的力学性能	钢绞线公称直径 D_0/mm	抗拉强度 R_m/MPa，不小于	整根钢绞线的最大力 F_m/kN，不小于	规定非比例延伸力 $F_{p0.2}$/kN，不小于	最大力总伸长率（$L_0 \geq 400$mm）A_{gt}(%)，不小于	应力松弛性能	
						初始负荷相当于公称最大力的百分数(%)	1000h 后应力松弛率 γ(%)，不大于
1×3		1570	31.1	28.0	对所有规格	对所有规格	对所有规格
	6.20	1720	34.1	30.7			
		1860	36.8	33.1			
		1960	38.8	34.9			
	6.50	1570	33.3	30.0			
		1720	36.5	32.9			
		1860	39.4	35.5			
		1960	41.6	37.4			
	8.60	1470	55.4	49.9			
		1570	59.2	53.3			
		1720	64.8	58.3			
		1860	70.1	63.1			
		1960	73.9	66.5	3.5	60	1.0
	8.74	1570	60.6	54.5			
		1670	64.5	58.1		70	2.5
		1860	71.8	64.6			
	10.80	1470	86.6	77.9		80	4.5
		1570	92.5	83.3			
		1720	101	90.9			
		1860	110	99.0			
		1960	115	104			
	12.90	1470	125	113			
		1570	133	120			
		1720	146	131			
		1860	158	142			
		1960	166	149			
(1×3) I	8.74	1570	60.6	54.5			
		1670	64.5	58.1			
		1860	71.8	64.6			

注：规定非比例延伸力 $F_{p0.2}$ 值不小于整根钢绞线公称最大力 F_m 的 90%。

③1×7 结构钢铰线的力学性能应符合表6-17。

表6-17　1×7 结构钢绞线的力学性能

结构钢绞线的力学性能	钢绞线公称直径 D_0/mm	抗拉强度 R_m/MPa，不小于	整根钢绞线的最大力 F_m/kN，不小于	规定非比例延伸力 $F_{p0.2}$/kN，不小于	最大力总伸长率（$L_0 \geqslant 400$mm）A_{gt}(%)，不小于	应力松弛性能	
						初始负荷相当于公称最大力的百分数(%)	1000h 后应力松弛率 γ(%)，不大于
1×7	9.50	1720	94.3	84.9	对所有规格	对所有规格	对所有规格
		1860	102	91.8			
		1960	107	96.3			
	11.10	1720	128	115			
		1860	138	124			
		1960	145	131			
	12.70	1720	170	153			
		1860	184	166			
		1960	193	174			
	15.20	1470	206	185	3.5	60	1.0
		1570	220	198		70	2.5
		1670	234	211			
		1720	241	217		80	4.5
		1860	260	234			
		1960	274	247			
	15.70	1770	266	239			
		1860	279	251			
	17.80	1720	327	294			
		1860	353	318			
(1×7)C	12.70	1860	208	187			
	15.20	1820	300	270			
	18.00	1720	384	346			

注：规定非比例延伸力 $F_{p0.2}$ 值不小于整根钢绞线公称最大力 F_m 的90%。

6.2.5　钢筋检测报告的填写

报告格式见表6-18。

表 6-18　钢筋检测报告

试验编号

工程名称		委托单位			
送检日期		试验日期			
生产厂家		出厂合格证			
钢筋牌号		钢筋牌号		进场数量	
送样人		使用部位			

试样编号	钢筋直径/mm	机械性能					反向弯曲正弯45° 反向23d=（ ）a	δ_b/δ_s 实测值	δ_b/δ_s 标准值
		屈服强度/MPa	抗拉强度/MPa	伸长率δ_s(%)	冷弯				
					180° d=3a	结果			

结论：

试验单位：（印章）
年　月　日

技术负责：　　　　审核：　　　　试验：

单 元 小 结

本单元主要介绍了常用的钢材种类，常用的钢筋牌号及意义，钢材的力学性能及工艺性能，常用的钢筋检测取样方法以及钢筋拉伸、弯曲试验。

【复习思考题】

6-1　低碳钢在拉伸试验时，应力—应变分几个阶段？屈复点和抗拉强度有何实用意义？什么是屈强比？

6-2　钢筋混凝土用热轧带肋钢筋共有几个牌号？技术要求有哪些内容？

6-3　钢筋冷弯性能有何实用意义？冷弯试验的主要规定有那些？

6-4　钢筋 HPB235 含碳量越大，强度、硬度越＿＿＿＿＿＿，塑性越＿＿＿＿＿＿。

6-5　在同一批直径是 25mm 的钢筋中任意抽取两根，取样，做拉伸试验，测得屈服荷载为 171kN，172.8kN，试件被拉断时最大荷载为 260kN，262kN，拉断后的标距长为 147.5mm。149mm。试计算屈服强度，抗拉强度，伸长率。

6-6　建筑钢材的强度、硬度提高，塑性和韧性显著降低，钢材中的成分对强度、硬度、塑性和韧性有什么影响？

6-7　钢材随时间延长而表现出强度提高，塑性和冲击韧性下降，这种现象称为时效。在工程实践中如何利用钢材的这个特性？

6-8　低碳钢受拉经历四个阶段：弹性阶段、屈服阶段、强化阶段和颈缩阶段。这四个阶段对应建筑钢材哪些不同状态的受力情况（如平时、地震灾害等）？

6-9　钢筋混凝土用 HPB235 级钢筋：它的使用范围很广，可用作中、小型钢筋混凝土结构的主要受力钢筋和构件的箍筋。钢筋混凝土用 HRB335、HRB400 级钢筋：广泛用于大、中型钢筋混凝土结构的主筋，冷拉后也可作预应力筋。HRB500 级钢筋是房屋建筑的主要预应力钢筋。这些钢筋的选择主要依据什么？

6-10　建筑钢材是高耗能、高污染的建筑材料，如何少用建筑钢材或者如何找到钢材的替代品？

单元 7　防水材料性能的检测

【单元概述】

本单元主要介绍沥青和防水材料的主要性能指标和检测方法，同时在施工方面也做了必要的阐述。

【学习目标】

了解沥青的主要性能指标；了解主要防水卷材的分类；了解密封材料的基本性能；掌握防水卷材的性能指标和试验方法。

课题 1　防水材料的基本性能

7.1.1　防水材料概述

防水材料是指在建筑工程中起防水作用的材料，它主要用于屋面、地下建筑、水中建筑、水池、管道、接缝等的防水、防潮处理。防水材料的主要特征是本身致密、孔隙率很小，或具有很强的憎水性，能够起到密封、填塞和切断其他材料内部孔隙的作用。建筑工程对防水材料的主要要求是具有较高的抗渗性和耐水性，并具有一定的强度、黏结力、耐久性、耐候性、耐高低温性、抗冻性和耐腐蚀性等，对柔性防水材料还应具有一定的塑性。

目前，防水材料的品种繁多，按其组成分为无机防水材料、有机防水材料及金属防水材料等，建筑工程中用量最大的为有机防水材料，其次为无机防水材料，金属防水材料（如镀锌铁皮等）的使用量很小；按其特性又可分为柔性防水材料和刚性防水材料，刚性防水材料主要是指防水混凝土和防水砂浆，柔性防水材料主要是指防水卷材、防水涂料、防水油膏；按其组成可分为防水卷材、防水涂料和建筑密封材料三大类，防水卷材又分为普通沥青防水卷材、高聚物改性沥青防水卷材和合成高分子防水卷材，防水涂料主要有乳液型、溶剂型、反应型、水泥类—聚合物型。随着科技进步和人民生活水平的日益提高，防水材料品种不断增多、性能不断增强，既有传统的沥青防水材料（如油毡），也有日新月异的改性沥青防水材料（如 SBS 改性沥青防水卷材）和合成高分子防水材料（如 PVC 防水卷材）。纵观国内外防水材料的发展趋势，呈现出由多层防水材料向单层防水材料发展，由单一防水材料向复合型多功能防水材料发展，施工手段由热熔法向冷粘贴法或自粘贴法发展。

建筑防水材料其性质在建筑材料中属于功能性材料。建筑物采用防水材料的主要目的是为了防潮、防漏、防渗，尤其是为了防漏。建筑物一般由屋面、墙面、基础构成外壳，这些部位均是建筑防水的重要部位。防水就是要防止建筑物各部位由于各种因素产生的裂缝或构件的接缝之间出现渗水。凡建筑物或构筑物为了满足防潮、防漏、防渗功能所采用的材料，都称为建筑防水材料。

我国的建筑防水材料发展很快，主要品种的产量和质量均有突破性进展。目前我国依据建筑防水材料的外观形态与性能，可以分为六大类，分别是：防水卷材、防水涂料、刚性防水材料、瓦类防水材料和建筑密封材料。

防水材料的选用应根据气候条件、温度条件、建筑部位、结构形式、工程防水等级、防水层暴露程度、环境介质等方面进行。

7.1.2　沥青

沥青是由不同分子量的碳氢化合物及其非金属（氧、硫、氮等）衍生物组成的混合物。沥青种类很多，常见的有天然沥青（土沥青）、石油沥青和煤焦油沥青（俗称柏油），以石油沥青的产量最大和用途最广。我国生产石油沥青的著名厂家包括大庆、茂名、兰州、克拉玛依等地的炼油总厂，常用的进口沥青包括新加坡产壳牌石油沥青、加德士牌石油沥青等。

沥青是一种有机胶凝材料，常温下呈固体，半固体或液体，颜色黑褐色至黑色，是由复杂的高分子碳氢化合物及非金属（氧、硫、氮）衍生物的混合物组成，不导电、不吸水，耐酸碱、耐腐蚀，黏性好，能溶于多种有机溶液中。

1. 沥青的分类及用途

沥青分为地沥青（包括石油沥青、天然沥青）和焦油沥青（包括煤焦油沥青、木沥青和泥炭沥青）两大类，建筑工程中常用石油沥青。

沥青常用于铺沥青路面及防水、防潮、防腐工程，水利工程，管道防腐，电器元件和电缆绝缘中。

2. 石油沥青的主要技术要求

（1）定义　石油沥青为黑色固体、半固体或高黏度液体的重质石油产品，主要为多环、稠环、杂环烃类及其衍生物的混合物，来源于原油蒸馏、溶剂脱沥青、氧化和调和等加工过程。

（2）分类　石油沥青按原油的成分分为石蜡基沥青、沥青基沥青和混合基沥青；按用途划分为道路石油沥青、建筑石油沥青和普通石油沥青；按照不同形态和性能分为普通石油沥青、乳化石油沥青、液体石油沥青和改性石油沥青。

3. 石油沥青的主要性能指标

（1）石油沥青的黏滞性　黏滞性是沥青在外力作用下抵抗发生黏性变形的能力。黏滞性的大小是沥青材料软硬、稀稠程度的反映，用针对液体沥青的黏滞度和针对半固体、固体沥青的针入度来表征。

针入度是指温度在 25℃ 条件下，用 100g 重标准针经 5s 沉入沥青中的深度（每 0.1mm 称为一个针入度），针入度大，表明沥青流动性大，黏性差。针入度是划分沥青牌号的依据。

（2）石油沥青的塑性　沥青在外力作用下产生变形而不破坏，除去外力后仍保持变形后的形状不发生裂缝和断开的能力称为沥青的塑性，沥青之所以能用作柔性防水材料主要取决于其塑性。沥青塑性用延伸度或延伸率表示。按标准试验方法制成"8"字形标准试件（试件中间最狭窄处断面为 1cm²），在 25℃ 或 15℃ 条件下按 5cm/s 速度在延伸仪上进行拉伸至断裂，所测得的延长度即为延伸度（延伸率＝延伸度/试验原长度×100%）。沥青的延伸度越大，沥青塑性越好，变形能力越强，在使用中能随着建筑物的变形而变形但不开裂。

（3）石油沥青的温度稳定性 沥青温度稳度性是指在黏弹性区域内，黏滞性随温度升降而变化的快慢程度，是评价沥青质量的重要指标。

沥青温度稳定性用软化点表示，软化点是指沥青材料由固体状态转变为具有一定流动性膏体的温度，通过环球法试验测定。将沥青试样装入规定尺寸（外径 $\Phi20.6mm$ 和 $\Phi23mm$）的铜环中，上置规定直径（$d = 9.53mm$）和质量（$m = (3.5 \pm 0.05)g$）的钢球，放在水或甘油中按每分钟升高5℃的速度加热至沥青软化下垂达25.4mm时的温度，即为沥青软化点。

软化点高，沥青的耐热性好，但软化点太高，又不易加工和施工；软化点低，则夏季高温时易产生流淌而变形。为提高沥青的耐寒性和耐热性，常对沥青进行改性，如在沥青中掺入增塑剂、橡胶、树脂和填料等。

（4）石油沥青的加热稳定性 该指标可用加热损失、加热前后针入度、软化点等性质的改变值来表示，可以大致表明出沥青的挥发和老化速度。

（5）石油沥青的最高加热温度 最高加热温度值必须低于闪点和燃点，当超过最高加热温度时，由于油分挥化，可能导致沥青锅起火、爆炸。

闪点又称闪火点或闪燃点，在该温度时沥青会发生热分解，产生挥发性气体与空气混合，在一定条件下与火焰接触产生蓝色闪光；燃点又称着火点，在该温度时与火接触产生火焰，能持续燃烧5s以上。闪点和燃点温度值通常只相差10℃左右。

（6）石油沥青的溶解度 沥青溶解度是指沥青在苯或二硫化碳溶剂中可溶部分占全部质量的百分数，一般石油沥青的溶解度高达98%以上。

沥青属于憎水性物质，水在纯沥青中的溶解度约在 0.001% ~ 0.01% 之间。为防止加热熬制沥青时由于极少水分可能引起的溢锅现象以致火灾，故要加快搅拌，另外，锅内沥青不要装得太多。

（7）石油沥青的大气稳定性 沥青的大气稳定性通过蒸发损失和蒸发后针入度比的检测来评价。这两项指标越小，说明沥青的大气稳定性越好。

将待测沥青试样置于160℃的烘箱内，5h后测量其质量减少的百分比即蒸发损失。测定蒸发损失后，试样的针入度同蒸发前的针入度之百分比即为蒸发后针入度比。

4. 石油沥青的应用

沥青的主要技术指标以针入度、软化点和延伸度来表示。道路石油沥青黏性差、塑性好，容易浸透和乳化，但弹性、耐热性和温度稳定性较差，主要用来拌制各种沥青混凝土或沥青砂浆，用来修筑路面和各种防渗、防护工程，还可用来配制填缝材料、黏结剂和防水材料；建筑石油沥青具有良好的防水性、黏结性、耐热性及温度稳定性，但黏度大、延伸变形性能较差，主要用于屋面和各种防水工程，并用来制造防水卷材，配制沥青胶和沥青涂料。沥青、玛琋脂试验原始记录见附录 H。

为了克服普通石油沥青的弱点，通过在沥青中掺加橡胶、树脂、高分子聚合物、磨细的橡胶粉或其他矿物填料等外掺剂（属于化学改性剂）或采取对沥青轻度氧化加工（属于物理改性）等措施，使沥青的工程性能明显改善，这就是异军突起并在防水卷材和沥青路面上大量应用的改性沥青。改性沥青通常具有如下几个特点：①优良的高温和低温稳定性。②较好的低温抗裂和抗反射裂缝的能力。③黏结力及抗水损害能力增强。④具有较好的耐久性。

课题 2　防水卷材的检测

7.2.1　防水卷材概述

防水卷材在我国建筑防水材料的应用中处于主导地位，在建筑防水工程的实践中起着重要作用，广泛地应用于建筑物地上、地下和其他特殊构筑物的防水，是一种面广量大的防水材料。

1. 防水卷材的定义、分类、特点及适用范围

防水卷材是建筑防水材料的重要品种，它是一种具有一定宽度和厚度并可卷曲的片状定型防水材料。

目前常用的防水卷材按照材料的组成不同一般可以分为普通沥青防水卷材、高聚物改性沥青防水卷材和合成高分子防水卷材三大系列，见表 7-1。如果说普通沥青卷材代表传统卷材的话，那么其他两个系列的卷材则代表新生代卷材，性能较普通沥青防水材料更为优异，是防水卷材的发展方向。防水卷材必须具备满足要求的耐水性、温度稳定性、机械强度、延伸性和抗断裂性、柔韧性和大气稳定性等基本性能。

对于屋面防水工程，根据《屋面工程技术规范》（GB 50345—2012）的规定，应根据建筑物的类别、重要程度、使用功能要求确定防水等级，并应按相关等级进行防水设防，对防水有特殊要求的建筑屋面，应进行专项防水设计。标准将防水卷材按高分子防水卷材和高聚物改性沥青防水卷材选用，见表 7-1。

表 7-1　防水卷材的分类

序　号	类　　别	分　项	组　　成
1	高聚物改性沥青防水卷材	—	SBS 改性沥青防水卷材
2			APP 改性沥青防水卷材
3			再生胶改性沥青防水卷材
4			PVC 改性焦油沥青防水卷材
5			废胶粉改性沥青防水卷材
6			其他改性沥青防水卷材
7	合成高分子防水卷材	橡胶类	三元乙丙橡胶防水卷材
8			丁基橡胶防水卷材
9			再生橡胶防水卷材
10		树脂类	氯化聚乙烯防水卷材
11			聚氯乙烯防水卷材
12			聚乙烯防水卷材
13			氯磺化聚乙烯防水卷材
14		橡胶树脂类	氯化聚乙烯—橡胶共混防水卷材
15			三元乙丙橡胶—聚乙烯共混防水卷材

2. 高聚物改性沥青防水卷材

高聚物改性沥青防水卷材是采用合成高分子聚合物改性沥青为涂盖层，纤维织物或纤维毡为胎体，粉状、粒状、片状或薄膜材料为覆面材料制成的可卷曲片状防水材料。

在沥青中添加适量的高聚物可以改善沥青防水卷材温度稳定性差和延伸率小的不足，具有高温不流淌、低温不脆裂、拉伸强度高、延伸率较大等优异性能，且价格适中，在我国属中档防水卷材。按改性高聚物的种类，有弹性 SBS 改性沥青防水卷材、塑性 APP 改性沥青防水卷材、聚氯乙烯改性焦油沥青防水卷材、三元乙丙改性沥青防水卷材、再生胶改性沥青防水卷材等，见表 7-2。按油毡使用的胎体品种又可分为玻纤胎、聚乙烯膜胎、聚酯胎、黄麻布胎、复合胎等品种。此类防水卷材按厚度可分为 2mm、3mm、4mm、5mm 等规格，一般单层铺设，也可复合使用，根据不同卷材可采用热熔法、冷黏法，自黏法施工。

表 7-2　常用高聚物改性沥青防水卷材的特点和适用范围

卷 材 名 称	特　　　点	适 用 范 围	施 工 工 艺
SBS 改性沥青防水卷材	耐高、低温性能有明显提高，卷材的弹性和耐疲劳性明显改善	单层铺设的屋面防水工程或复合使用，适合于寒冷地区和结构变形频繁的建筑	冷施工铺贴或热熔铺贴
APP 改性沥青防水卷材	具有良好的强度、延伸性、耐热性、耐紫外线照射及耐老化性能	单层铺设，适合于紫外线辐射强烈及炎热地区屋面使用	热熔法或冷粘法铺设
聚氯乙烯改性焦油防水卷材	有良好的耐热及耐低温性能，最低开卷温度为 -18℃	有利于在冬季负温度下施工	可热作业也可冷施工
再生胶改性沥青防水卷材	有一定的延伸性，且低温柔性较好，有一定的防腐蚀能力，价格低廉，属低档防水卷材	变形较大或档次较低的防水工程	热沥青粘贴
废橡胶粉改性沥青防水卷材	比普通石油沥青纸胎油毡的抗拉强度、低温柔性均有明显改善	叠层使用于一般屋面防水工程，宜在寒冷地区使用	热沥青粘贴

3. 合成高分子防水卷材

合成高分子防水卷材是以合成橡胶、合成树脂或它们两者的共混体为基料，加入适量的化学助剂和填充料等，经混炼、压延或挤出等工序加工而制成的可卷曲的片状防水材料，其中又可分为加筋增强型与非加筋增强型两种。

合成高分子防水卷材具有抗拉伸强度和抗撕裂强度高、断裂伸长率大、耐热性和低温柔性好、耐腐蚀、耐老化等一系列优异的性能，是新型高档防水卷材。常用的有再生胶防水卷材、三元乙丙橡胶防水卷材、三元丁橡胶防水卷材、聚氯乙烯防水卷材、氯化聚乙烯防水卷材、氯化聚乙烯—橡胶共混防水卷材等品种，见表 7-3。此类卷材按厚度分为 1mm、1.2mm、1.5mm、2.0mm 等规格，一般单层铺设，可采用冷黏法或自黏法施工。

表 7-3　常用合成高分子防水卷材特点和适用范围

卷 材 名 称	特　　　点	适 用 范 围	施 工 工 艺
再生胶防水卷材	有良好的延伸性、耐热性、耐寒性和耐腐蚀性，价格低廉	单层非外露部位及地下防水工程，或加盖保护层的外露防水工程	冷粘法施工

（续）

卷材名称	特点	适用范围	施工工艺
氯化聚乙烯防水卷材	具有良好的耐候、耐臭氧、耐热老化、耐油、耐化学腐蚀及抗撕裂的性能	单层或复合使用，宜用于紫外线强的炎热地区	冷粘法施工
聚氯乙烯防水卷材	具有较高的拉伸和撕裂强度，延伸率较大，耐老化性能好，原材料丰富，价格便宜，容易粘结	单层或复合使用于外露或有保护层的防水工程	冷粘法或热风焊接法施工
三元乙丙橡胶防水卷材	防水性能优异，耐候性好，耐臭氧性、耐化学腐蚀性、弹性和抗拉强度大，对基层变形开裂的适用性强，质量轻，使用温度范围宽，寿命长，但价格高，粘结材料尚需配套完善	防水要求较高，防水层耐用年限长的工业与民用建筑，单层或复合使用	冷粘法或自粘法
三元丁橡胶防水卷材	有较好的耐候性、耐油性、抗拉强度和延伸率，耐低温性能稍低于三元乙丙防水卷材	单层或复合使用于要求较高的防水工程	冷粘法施工
氯化聚乙烯—橡胶共混防水卷材	不但具有氯化聚乙烯特有的高强度和优异的耐臭氧、耐老化性能，而且具有橡胶所特有的高弹性、高延伸性以及良好的低温柔性	单层或复合使用，尤宜用于寒冷地区或变形较大的防水工程	冷粘法施工

7.2.2　防水卷材的主要技术要求

防水卷材的主要技术要求包括卷重、面积及厚度、外观和物理性能三个方面，对不同品种的防水卷材其检测方法有所差异。它们的物理性能主要包括拉伸性能（拉伸强度和延伸率）、低温柔度、耐热度、不透水性等指标，高聚物改性沥青防水卷材和合成高分子防水卷材的主要性能指标见表7-4和表7-5。

表7-4　高聚物改性沥青防水卷材的主要性能指标

项　目		指　标				
		聚酯毡胎体	玻纤毡胎体	聚乙烯胎体	自粘聚酯胎体	自粘无胎体
可溶物含量 /（g/m²）		3mm 厚≥2100 4mm 厚≥2900		—	2mm 厚≥1300 3mm 厚≥2100	—
拉力 /（N/50mm）		≥500	纵向≥350	≥200	2mm 厚≥350 3mm 厚≥450	≥150
延伸率（%）		最大拉力时 SBS≥30 APP≥25	—	断裂时 ≥120	最大拉力时 ≥30	最大拉力时 ≥200
耐热度 （℃，2h）		SBS 卷材 90，APP 卷材 110，无滑动、流淌、滴落		PEE 卷材 90，无流淌、起泡	70，无滑动、流淌、滴落	70，滑动不超过 2mm
低温柔度（℃）		SBS 卷材—20；APP 卷材—7；PEE 卷材—20			-20	
不透水性	压力/MPa	≥0.3	≥0.2	≥0.4	≥0.3	≥0.2
	保持时间/min	≥30				≥120

注：SBS 卷材为弹性体改性沥青防水卷材；APP 卷材为塑性体改性沥青防水卷材；PEE 卷材为改性沥青聚乙烯胎防水卷材。

表 7-5 合成高分子防水卷材的主要性能指标

项 目		指 标			
		硫化橡胶类	非硫化橡胶类	树脂类	树脂类（复合片）
断裂拉伸强度		≥6MPa	≥3MPa	≥10MPa	≥60 N/10mm
扯断伸长率（%）		≥400	≥200	≥200	≥400
低温弯折（℃）		−30	−20	−25	−20
不透水性	压力/MPa	≥0.3	≥0.2	≥0.3	≥0.3
	保持时间/min	≥30			
加热收缩率（%）		<1.2	<2.0	≤2.0	≤2.0
热老化保持率 （80℃×168h,%）	断裂拉伸强度	≥80		≥85	≥80
	扯断伸长率	≥70		≥80	≥70

7.2.3 防水卷材的检测方法

1. 防水卷材的进场检测

工程所采用的防水卷材应有产品合格证书和性能检测报告，材料的品种、规格、性能等应符合现行国家产品标准和设计要求。卷材进场后，应按表7-6规定抽样复验，并作出试验报告。

表 7-6 防水卷材进场检测要求

材料名称	现场抽样数量	外观质量检验	物理性能检验
石油沥青	同一批至少抽检一次	符合产品说明和规范要求	针入度、延度、软化点
沥青防水卷材	大于5000卷抽4卷，2500~5000卷抽3卷，1000~2500卷抽2卷，1000卷以下抽1卷，进行尺寸和外观质量检验	不得有孔洞、硌伤、露胎、涂盖不均、折纹、皱褶、裂纹、裂口、缺边等现象，每卷卷材的接头规整	纵向拉力、耐热度、低温柔度、不透水性
高聚物改性沥青防水卷材	在外观质量检验合格的卷材中，任取一卷做物理性能指标检验	不得有孔洞、缺边、裂口、边缘不齐、胎体露白、未浸透、撒布材料粒度颜色不合格等现象，每卷卷材的接头规整	拉力、最大拉力时延伸率、耐热度、低温柔度、不透水性
合成高分子防水卷材		不得有折痕、杂质、胶块、凹痕等现象，每卷卷材的接头规整	断裂拉伸强度、扯断伸长率、低温弯折、不透水性

表7-6中所列的防水材料，其质量还应符合下列规定：

1）按表中规定的试验项目经检验后，各项物理力学性能均符合现行标准规定时，判定该批产品物理力学性能合格；若有一项指标不合格，应在该批产品中，再随机抽样，对该项进行复验，达到标准规定时，则判定该批产品合格；复验后仍达不到要求，则判定该批产品物理力学性能不合格。

2）总判定：外观、规格尺寸（指防水卷材）与物理力学性能均符合标准规定的全部技术要求，且包装标志符合规定时，则判定该批产品为合格。

2. 试验前的准备

（1）试验的一般规定

1）标准试验条件。送至试验室的试样在试验前，应原封放于干燥处并保持在 15 ~ 30℃ 范围内一定时间。

2）试验温度：（23 ±2）℃。

3）验收批次的划分。依据相关标准的规定，取样以同一类型、同一规格10000m² 为 1 批，不足10000m² 也为一验收批。

（2）试样制备　在面积、卷重、外观、厚度都合格的卷材中，随机抽取一卷，切除距外层卷头 2500mm 后，顺纵向切取长度为 500mm 的全幅卷材两块，一块进行物理力学性能试验，一块备用。各项试验时的试件尺寸按相对应的规范和标准切取试件。弹性体改性沥青防水卷材试件的尺寸和试验的数量见表7-7。

表 7-7　弹性体改性沥青防水卷材试件的尺寸和试验的数量

试验项目	试件尺寸/mm	数量/个
拉伸性能	（200mm +2 × 夹持长度）×（50 ±0.5）	纵横各 5
不透水性	按不透水仪的模具规格	3
耐热度	（100 ±1）×（50 ±1）	3
低温柔度	（150 ±1）×（25 ±1）	两组各 5 个

（3）物理性能合格判定

试验后各项指标结果符合标准规定的全部技术要求，则判定该批产品合格。若有一项指标不符合标准规定，允许在该批产品中随机抽取 5 卷，并从中任取 1 卷对不合格项进行单项复验，达到标准规定时，则判该产品合格。

3. 防水卷材的拉力试验

（1）试验目的　通过试验测定防水卷材的拉力，评定卷材的质量。

（2）仪器设备

1）拉伸试验机：测量范围至少 2000N，夹具移动速度为（100 ±10）mm/min，夹具宽度不应小于 50min，如图 7-1 所示。

2）量尺：分度值为 0.1cm。

（3）试验步骤

1）表面的非持久性层应去除。

2）试件在试样上距边缘 100mm 以上任意裁取，用模板或剪刀，矩形试件宽为（50 ± 0.5）mm，长为（200mm +2 × 夹持长度），长度方向为试验方向。

3）拉伸试验应制备 2 组试件，1 组纵向 5 个试件，1 组横向 5 个试件。

4）试验前，试件在（23 ±2）℃，相对湿度（30 ~ 70)% 的条件下至少放置20h。

5）将试件紧紧地夹在拉伸试验机的夹具中，注意

图 7-1　拉力试验机

试件长度方向的中线与试验机夹具中心在同一条线上。夹具间距离为 （200 ±2） mm，为防止试件从夹具中滑移，应作相应的标记。

6）试验在 （23 ±2）℃下进行，夹具移动的恒定速度为 （100 ±10） mm/min。以恒定的速度拉伸至断裂，同时记录试验中最大拉力 （最大拉力单位为 N/50mm） 和对应的长度变化。

7）分别记录每个方向 5 个试件的拉力值和延伸率，计算平均值 （去除任何在夹具 10mm 以内断裂或在试验机夹具中滑移超过极限值的试件试验结果，用备用件重测）。

（4）计算结果与评定

1）拉力值：分别计算纵横向试件的拉力的算术平均值作为卷材纵横向拉力，平均值修约到5N。

2）断裂延伸率计算：平均值修约到1% 。

$$\varepsilon_R = \Delta L/180 \times 100\%$$

式中　ε_R——断裂延伸率 （%）；

　　ΔL——断裂时的延伸值 （mm）；

　　180——上下夹具间距离 （mm）。

（5）评定　拉力及最大拉力时的延伸率结果的平均值达到规定时，判定为该项指标合格。

4. 防水卷材的不透水性试验

（1）试验目的　通过试验测定防水卷材的不透水性，评定卷材的质量。

（2）仪器设备

1）防水卷材不透水仪。

2）定时钟 （或带定时器的不透水仪）。

（3）试验条件　（23 ±5）℃ （产生争议时，在 （23 ±2）℃，相对湿度 （50 ±5）% 下进行）。

（4）试验步骤

1）在标准条件下将试件放置6h 后，用洁净的水注入不透水仪的储水罐中储满水直到溢出，彻底排出水管中的空气。

2）将试件分别放置于不透水仪上的试座上。试件的表面朝下放置在透水盘上，盖上开缝盘 （或7孔盘），将试件夹紧在盘上。慢慢加压到规定的压力，保持规定压力 （24 ±1） h，或7孔盘保持规定压力 （30 ±2） min。

3）在规定时间、规定压力内，试件表面有无透水现象。

（5）评定　每组试件分别达到标准规定时，判定为该项指标合格。

5. 防水卷材的耐热度试验

（1）试验目的　通过试验测定防水卷材的耐热度，评定卷材的质量。

（2）仪器设备

1）鼓风烘箱。

2）试件挂钩：洁净无锈的细铁丝或回形针。

3）容器：干燥器、表面皿等。

（3）试验步骤

1）去除非持久保护层。

2）试件尺寸为（100±1）mm×（50±1）mm，试件从试样宽度方向上均匀裁取。长边是卷材的纵向，试件应距卷材边缘150mm以上，试件从卷材的一边开始连续编号，卷材上表面和下表面应进行标记。

3）试件试验前至少放置在（23±2）℃的平面上2h。

4）分别在试件短边一端10mm处的中心打一小孔，用洁净无锈的细铁丝或回形针穿过，在规定温度分别垂直悬挂在烘箱的相同高度，间隔至少30mm，此时烘箱的温度不能下降太多（当门打开30s后，恢复温度到工作温度的时间不超过5min，试件区域的温度波动不超过±2℃），开关烘箱门放入试件的时间不超过30s，放入试件后加热时间为（120±2）min。

5）加热周期一结束，试件从烘箱中取出，相互不要接触，目测观察并记录试件两表面的任一端涂盖层（不应与胎基发生移动），试件下端的涂盖层不应超过胎基，无流淌、滴答、集中性气泡（指破坏涂盖层原形的密集气泡）等现象。

（4）评定　每组3个试件分别达到标准规定时，判定为该项指标合格。

6. 防水卷材的低温柔度试验

（1）试验目的　通过试验测定防水卷材的低温柔度，评定卷材的质量。

（2）仪器设备

1）低温制冷仪：+20～-40℃，精度为±2℃。

2）半导体温度计（热敏探头）。

3）弯曲轴。

4）固定圆筒。

5）冷冻液。

（3）试验步骤

1）去除表面的任何保护膜，适宜的方法是常温下用胶带粘在上面，冷却到接近假设的冷却温度，然后从试件上撕去胶带。

2）试验尺寸为（150±1）mm×（25±1）mm，试件从试样宽度方向上均匀裁取。长边在卷材的纵向，试件裁取时应距卷材边缘不少于150min，试件应从卷材的一边开始作连续的记号，同时标记卷材的上表面和下表面。两组各5个试件，1组是上表面试验，1组是下表面试验。

3）试件试验前在（23±2）℃的平板上放置4h，并且相互之间不能接触，也不能粘在板上。

4）冷冻液应达到规定的试验温度，误差不能超过0.5℃。试件放于支撑装置上且保证冷冻液完全浸没试件，试件放入冷冻液达到规定温度后，保持该温度1h±5min。

5）试验前，两个圆筒间的距离应按试件厚度调节，即弯曲直径+2mm+两倍试件的厚度，然后装置放入已冷却的液体中，并且圆筒的上端在冷冻液面下约10mm，弯曲轴在冷冻液下面的位置。弯曲轴直径根据产品不同分为20mm、30mm、50mm三种。

6）试件放置在圆筒和弯曲轴之间，试验面朝上，然后设置弯曲轴以（360±40）mm/min的速度顶着试件向上移动，试件同时绕轴弯曲，在完成弯曲过程10s内，在适宜的光源下用肉眼检查试件有无裂缝，假如有一条或更多的裂缝从涂盖层深入到胎体层，或完全贯穿无增强卷材，即存在裂缝。1组5个试件应分别试验检查。

（4）评定　1个试验面5个试件分别试验后至少有4个无裂缝为通过。

课题 3 建筑防水涂料的性能与应用

7.3.1 防水涂料的定义与分类

防水涂料又称为防水胶黏剂，是一种流态或半流态物质，可用刷、喷等工艺涂布在基层表面，经溶剂或水分挥发或各组分间的化学反应，形成具有一定弹性和一定厚度的连续薄膜，使基层表面与水隔绝，起到防水、防潮作用，从而提高机构的防水能力。

防水涂料固化成膜后的防水涂膜具有良好的防水性能，特别适合于各种复杂、不规则部位的防水，能形成无接缝的完整防水膜。它大多采用冷施工，不必加热熬制，涂布的防水涂料既是防水层的主体，又是黏结剂，因而施工质量容易保证，维修也较简单。但是，防水涂料需采用刷子或刮板等逐层涂刷（刮），故防水膜的厚度较难保持均匀一致。防水涂料广泛适用于工业与民用建筑的屋面防水工程、地下室防水工程和室内地面的防潮、防渗等。防水涂料的选择应考虑建筑物的特点、环境条件和使用条件等因素，并应结合防水涂料的特点和相应的性能指标。

防水涂料按液态类型可分为溶剂型、水乳型和反应型三类。溶剂型以汽油、煤油、甲苯等有机溶剂为分散介质，黏结性较好，但对环境有污染，如沥青涂料、再生橡胶沥青涂料、氯丁橡胶沥青涂料、丙烯酸酯类涂料等。水乳型以水为分散介质，价格低但黏结性较差。从涂料发展趋势来看，随着水乳型的性能提高，水乳型的应用前景广阔，如乳化沥青、丙烯酸酯胶乳等防水涂料。反应型涂料作为主要成膜物质的高分子材料，多以双组分或单组分构成涂料，几乎不含溶剂，如聚氨酯类、聚硫橡胶类等。防水涂料按成膜物质的主要成分可分为沥青类、高聚物改性沥青类和合成高分子类，见表 7-8。

表 7-8 防水涂料的分类

序号	类　　别	分项	组　　成
1	沥青基防水涂料(自 2002 年 4 月起限制在工业与民用建筑 I、II、III级防水工程中使用)	—	沥青防水涂料、水性沥青防水涂料
			(石灰膏乳化)沥青、膨润土防水涂料
2	高聚物改性沥青防水涂料(焦油型属于淘汰类)	树脂改性沥青防水涂料	SBS 改性沥青防水涂料
			APP 改性沥青防水涂料
			聚氯乙烯改性沥青防水涂料
			聚氨酯改性沥青防水涂料
		橡胶改性沥青防水涂料	氯丁橡胶沥青防水涂料
			丁基橡胶沥青防水涂料
			再生橡胶沥青防水涂料
3	合成高分子防水涂料	橡胶类	氯丁橡胶类
			氯磺化聚乙烯橡胶类再生橡胶类
			单组分型 再生胶类
			丁苯橡胶类

（续）

序号	类　别	分项		组　成
3	合成高分子防水涂料	橡胶类	双组分型	硅橡胶类
				聚硫橡胶类
		合成树脂类	单组分型	丙烯酸酯类
				聚氨酯类
			双组分型	聚氨酯类
				环氧树脂类

1. 沥青基防水涂料

沥青基防水涂料指以沥青为基料配制而成的水乳型或溶剂型防水涂料，这类涂料对沥青基本没有改性或改性作用不大。主要有石灰膏乳化沥青、膨润土乳化沥青和水性石棉沥青防水涂料等。主要适用于Ⅲ级和Ⅳ级防水等级的工业与民用建筑屋面、混凝土地下室和卫生间防水等。

2. 高聚物改性沥青防水涂料

高聚物改性沥青防水涂料指以沥青为基料，用合成高分子聚合物进行改性，制成的水乳型或溶剂型防水涂料。这类涂料在柔韧性、抗裂性、拉伸强度、耐高低温性能、使用寿命等方面比沥青基涂料有很大改善。品种有再生橡胶改性防水涂料、氯丁橡胶改性沥青防水涂料、SBS橡胶改性沥青防水涂料、聚氯乙烯改性沥青防水涂料等。此涂料适用于Ⅱ、Ⅲ、Ⅳ级防水等级的屋面、地面、混凝土地下室和卫生间等的防水工程。

3. 合成高分子防水涂料

合成高分子防水涂料指以合成橡胶或合成树脂为主要成膜物质制成的单组分或多组分的防水涂料。这类涂料具有高弹性、高耐久性及优良的耐高低温性能，品种有聚氨酯防水涂料、丙烯酸酯防水涂料、环氧树脂防水涂料和有机硅防水除料等。此涂料适用于Ⅰ、Ⅱ、Ⅲ级防水等级的屋面、地下室、水池及卫生间等的防水工程。

7.3.2　产品分类与标记

1. 分类

产品按组分分为单组分（S）和多组分（M）两种；按拉伸性能分为Ⅰ、Ⅱ两类。

2. 标记

按产品名称、组分、类和标准号顺序标记。例如Ⅰ类单组分聚氨酯防水涂料标记为：
PU 防水涂料　S　Ⅰ　GB/T 19250—2003。

7.3.3　防水涂料的主要技术要求

建筑防水涂料的主要技术要求有固体含量、耐热度、黏结性、延伸性、拉伸性、加热伸缩率、低温柔性、干燥时间、不透水性和人工加速老化等指标。

防水涂料与防水卷材相比，使用范围较窄，下面仅列出具有弹性高、延伸率大、耐高低温性好、耐油、耐化学侵蚀等优异性能的聚氨酯防水涂料检测指标，见表7-9和表7-10。

表 7-9　单组分聚氨酯防水涂料的物理力学性能检测指标

序号	项　　目		Ⅰ	Ⅱ
1	拉伸强度/MPa，≥		1.90	2.45
2	断裂延伸率(%)，≥		550	450
3	撕裂强度/(N/mm)，≥		12	14
4	低温弯折性/℃，≤		−40℃无裂纹	
5	不透水性(0.3MPa，30min)		不透水	
6	固体含量(%)		≥80	
7	干燥时间/h		表干≤12，实干≤24	
8	拉伸时的老化	加热老化	无裂纹及变形	
		人工气候老化	无裂纹及变形	

表 7-10　多组分聚氨酯防水涂料主要技术物理力学性能检测指标

序号	项　　目		Ⅰ	Ⅱ
1	拉伸强度/MPa，≥		1.90	2.45
2	断裂延伸率(%)，≥		450	450
3	撕裂强度/(N/mm)，≥		12	14
4	低温弯折性/℃，≤		−35℃无裂纹	
5	不透水性(0.3MPa，30min)		不透水	
6	固体含量(%)		≥92	
7	干燥时间/h		表干≤8，实干≤24	
8	拉伸时的老化	加热老化	无裂纹及变形	
		人工气候老化	无裂纹及变形	

课题 4　防水密封材料的性能与应用

　　防水密封材料又称为嵌缝材料，用于钢筋混凝土大型屋面板和墙板、地铁工程等的接缝处，是表面能够成膜的黏结膏状材料，也叫防水油膏。防水油膏是指能承受位移并具有高气密性及水密性而嵌入建筑接缝中的定形和不定形的材料。防水油膏除了应有较高的黏结强度外，还必须具备良好的弹性、柔韧性、耐冻性和一定的抗老化性，以适应屋面板和墙板的热胀冷缩、结构变形、高温不流淌、低温不脆裂的要求，保证接缝处不渗漏、不透气。定形密封材料是具有一定形状和尺寸的密封材料，如密封条带、止水带等。不定形密封材料通常是黏稠状的材料，分为弹性密封材料和非弹性密封材料；按构成类型分为溶剂型、乳液型和反应型；按使用时的组分分为单组分密封材料和多组分密封材料；按组成材料分为改性沥青密封材料和合成高分子密封材料。建筑密封材料品种繁多，新品种不断涌现，广泛应用于各种装配式建筑屋面板、金属复合板、压型板、混凝土外墙板、地板、卫生间、阳台等部位的建筑节点、伸缩缝、施工缝，游泳池、储水池、给排水管道、地铁及地下构筑物、道路、桥梁、机场跑道等伸缩缝、沉降缝及膨胀橡胶止水带失效的伸缩缝，沉降缝再造处理，裂缝修补，涂膜防腐防水，连续伸缩、振动设备基础的隔声减震，补强加固等。

目前，常用的建筑密封材料有：沥青嵌缝油膏、塑料油膏、丙烯酸类密封膏、聚氨酯密封膏、聚硫密封膏和硅酮密封膏等。

防水密封材料的主要技术要求有密度、适用期、表干时间、低温柔度、弹性恢复率和剥离黏结，见表7-11。

表7-11 常用密封材料的主要检测指标

品种	主要组成	主要检测指标	主要应用
聚氯乙烯建筑防水接缝材料	聚氯乙烯、煤焦油、增塑剂等	耐热度、低温柔度、延伸率、正常使用年限	用于屋面嵌缝、水渠、管道、大型墙板嵌缝等接缝
丙烯酸酯密封材料	丙烯酸类树脂、增塑剂等	延伸率、低温柔度、正常使用年限	用于墙板、屋面、门窗等的防水接缝等。不宜用于经常泡水工程
聚氨酯密封材料	聚氨酯预聚体、胶粘剂、增塑剂等	伸长率、低温柔度、抗疲劳性、粘结力、正常使用年限	用于各类防水接缝。特别是受疲劳荷载作用或接缝变形大的部位，如建筑物、公路、桥梁等的伸缩缝等
聚硫橡胶密封材料	液态聚硫物、交联剂、增塑剂等	伸长率、低温柔度、抗疲劳性、粘结力、正常使用年限	
建筑防水沥青嵌缝油膏	石油沥青、改性材料、稀释剂等	耐热度、低温柔度、耐候性	用于屋面、墙面、沟、槽、变形缝等的防水密封，重要工程不宜使用

单 元 小 结

本单元主要介绍了防水卷材、防水涂料和防水密封材料，其中防水卷材是重点。

石油沥青是目前防水材料的基料，本单元重点介绍了其组成、技术要求和指标等。

【复习思考题】

7-1 建筑工程对防水材料的主要要求有哪些？防水材料按组成和特性如何划分？

7-2 石油沥青的主要性能指标有哪些？

7-3 改性沥青通常具有哪几个特点？我国改性沥青所取得的应用成果主要有哪些？

7-4 防水材料有哪几类？防水卷材有哪三大系列？必须具备哪些基本性能？

7-5 什么是合成高分子防水卷材？

7-6 防水涂料根据液态类型如何分类？

7-7 SBS橡胶改性沥青防水涂料属于哪类防水涂料？你认为其应用前景如何？

7-8 如何进行防水材料的质量判定？

7-9 防水卷材的常用试验有哪几种？

7-10 防水密封材料的性能有哪些？

附　　录

附录 A　水泥试验记录

试验日期_____年___月___日　　试验编号_____

厂家牌号_____　品种及强度等级_____出厂日期_____

标 准 稠 度			安 定 性		凝 结 时 间		
固定水量法	W	mL	试饼法结果		加水时刻	时	分
	S	mm	雷氏法	A_1_____C_1_____$C_1 - A_1$_____	初凝时刻	时	分
	P	%		A_2_____C_2_____$C_2 - A_2$_____ 结果:	初凝时间		min
试杆法	水泥量　g　水用量　mL　P　%　下沉深度　mm				终凝时刻	时	分
调整水量法	水泥量　g　水用量　mL　P　%　下沉深度　mm				终凝时间		min
细度(方法_____): 试样质量　g　筛余物干质量　g　筛余百分比数　%							

强 度 试 验						
成型日期			试块编号			
试压日期						
龄期		3d		7d		28d
抗折	荷重/N					
	强度/MPa					
	代表值/MPa					
抗压	荷重/kN					
	强度/MPa					
	代表值/MPa					

其他试验项目:

结论:

审核:　　　　　　　　试验:

附录B　砂子试验记录

试验日期＿＿＿＿年＿＿月＿＿日　　试验编号＿＿＿＿＿＿＿＿＿＿＿＿＿＿＿＿＿＿＿＿
产　　　地＿＿＿＿＿＿＿＿＿＿＿＿　　种　　类＿＿＿＿＿＿＿＿＿＿＿＿＿＿＿＿＿＿＿＿

	筛孔 /mm	第一次筛分(试样质量：　　)			第二次筛分(试样质量：　　)			平均 累计筛余 （%）
		筛余量 /g	分计筛余 （%）	累计筛余 （%）	筛余量 /g	分计筛余 （%）	累计筛余 （%）	
颗粒级配	10.0							
	5.00							
	2.50							
	1.25							
	0.630							
	0.315							
	0.160							
	筛底							
	合计							
	细度模数 μ_f	$\dfrac{(\quad+\quad+\quad+\quad+\quad)-5\times}{100-}$			$\dfrac{(\quad+\quad+\quad+\quad+\quad)-5\times}{100-}$			平均细度模数 ＿＿＿＿＿＿

表观密度 ρ /（kg/m³）	试样烘干 质量/g	水的原有 体积/mL	水和试样 体积/mL	水温修正 系数	表观密度 /（kg/m³）	平均值 /（kg/m³）	空隙率 （%）
							$V_1=\left(1-\dfrac{\rho_1}{\rho}\right)$ $\times100\%$
堆积密度 ρ_1 /（kg/m³）	容量筒的 容积/L	容量筒的 质量/kg	筒和砂总 质量/kg	试样烘干 质量/g	堆积密度 /（kg/m³）	平均值 /（kg/m³）	＝

泥(块)含量	含　泥　量	泥　块　含　量	其他试验项目：
试样质量/g			
洗后干质量/g			
含量（%）			
平均值（%）			

结论：

审核：　　　　　　　　试验：

附录 C　碎（卵）石试验记录

试验日期＿＿＿＿＿年＿＿＿月＿＿＿日　试验编号＿＿＿＿＿＿＿＿＿＿＿＿＿＿＿＿＿

产地＿＿＿＿＿＿＿＿＿＿＿＿　规格＿＿＿＿＿＿＿＿＿＿＿＿　种类＿＿＿＿＿＿＿＿＿＿＿＿

	试样质量/kg				含泥量 （％）				泥块含量 （％）	
颗 粒 级 配	筛　孔 /mm	筛余量 /g	分计筛余 （％）	累计筛余 （％）						
	100				试样质量/g					
	80.0				洗后干质量/g					
	63.0				含　量(％)					
	50.0				平均值(％)					
	40.0				针、片状颗粒含量 （％）					
	31.5				试样总质量/g					
	25.0				针、片状颗粒的总质量/g					
	20.0				针、片状颗粒含量(％)					
	16.0				压碎指标值 （％）					
	10.0									
	5.00				试样重/g					
	2.50				压碎后筛余/g					
	筛底				压碎指标值(％)					
	筛余合计/kg				平均值(％)					

表观密度 ρ /(kg/m³)	试样质量 /g	试样、水、瓶、玻璃质量/g	水，瓶，玻璃质量/g	修正系数	表观密度 /(kg/m³)	平均值 /(kg/m³)	空隙率 （％）
							$V_1 = \left(1 - \dfrac{\rho_1}{\rho}\right)$ $\times 100\%$ $=$

堆积密度 ρ_1 /(kg/m³)	试样质量 /kg	容量筒的容积/L	容量筒的质量/kg	试样和容量筒总质量/kg	堆积密度 /(kg/m³)	平均 /(kg/m³)	

其他试验项目：

结论：

审核：　　　　　　试验：

附录 D　混凝土配合比试验记录

试验日期_____年____月___日　设计强度等级_____　稠度_____试验编号_____

水泥品种标号_____　掺合料名称_____　外加剂名称_____

计算	W/B 的确定　$\alpha_a =$　　　$\alpha_b =$　　　$f_b =$ $f_{cu,0} \geqq f_{cu,k} + 1.645\sigma =$ $W/B = \dfrac{\alpha_a f_b}{f_{cu,0} + \alpha_a \cdot \alpha_b \cdot f_{ce}} =$				砂率 β_s 的确定 $\beta_s =$				
	$m_{w0} =$		$m_{c0} =$		$m_{s0} =$		$m_{g0} =$		

	步　骤	项　目	水泥/kg	水/kg	砂/kg	石/kg	掺合料/kg	外加剂/kg	稠度/(mm 或 s)	黏聚性保水性
配合比确定	计算的配合比 $W/B =$ $\beta_s =$　　%	每 m³ 用料								
		每__L 用料								
	若不满足要求 调整 W 或 β_s $\beta_s =$　　%	每 m³ 用料								
		每__L 用料								
	若不满足要求 调整 W 或 β_s $\beta_s =$　　%	每 m³ 用料								
		每__L 用料								
	确定基准配比 (试件 1) W/B $\beta_s =$　　%	每 m³ 用料								
		每__L 用料								
	试配试件 2 $W/B =$ $\beta_s =$　　%	每 m³ 用料								
		每__L 用料								
	若不满足要求 调整 W 或 β_s $\beta_s =$　　%	每 m³ 用料								
		每__L 用料								
	确定试件 2 $W/B =$ $\beta_s =$　　%	每 m³ 用料								
		每__L 用料								
	试配试件 3 $W/B =$ $\beta_s =$　　%	每 m³ 用料								
		每__L 用料								
	若不满足要求 调整 W 或 β_s $\beta_s =$　　%	每 m³ 用料								
		每__L 用料								
	确定试件 3 $W/B =$ $\beta_s =$　　%	每 m³ 用料								
		每__L 用料								

	试件编号					备注:	
强度试验	f_7 __月 __日	荷重/kN					
		强度/MPa					
		代表值/MPa					
	f_{28} __月 __日	荷重/kN					
		强度/MPa					
		代表值/MPa					

			确定的混凝土设计配合比/(kg/m³)；$W/B =$　　　$\beta_s =$　　%			
配合比的确定	选取 $B =$　　　$W =$ 　　　　$S =$　　　$G =$ 　　　　$\rho_{c,c} =$ 　　　　$\delta = \rho_{c,t}/\rho_{c,c} =$		水泥	水	砂	石

审核:　　　　　　试验:

附录 E　混凝土强度试验记录

试验编号	成型日期	试验日期	试件编号	设计强度等级	龄期 /d	试件尺寸 /mm³	换算系数	破坏荷重/kN	强度/MPa	代表值 /MPa	占设计强度百分率（%）	试验 审核

附录 F　砂浆抗压强度试验记录

试验编号	成型日期	试验日期	试件编号	设计强度等级	试块尺寸/mm³	龄期/d	破坏荷重/kN	强度/MPa	平均强度/MPa	养护条件	按温度换算后强度/MPa	占强度等级百分率（%）	试验 审核

附录 G　砂浆配合比试验记录

试验日期＿＿＿＿年＿＿月＿＿日　设计强度等级＿＿＿＿＿＿＿　试验编号＿＿＿＿＿＿＿

项目	编号	水泥	白灰	砂	水		拌合物密度	稠　度/mm			分层度/cm
每 m³ 用量 /kg											
								1	2	平均	
每盘 用量 /kg											

压块时间	编号	单　块　值						代表值/MPa	按温度换算后强度/MPa	占强度等级百分率(%)
f_7		荷载/kN								
		强度/MPa								
＿月		荷载/kN								
		强度/MPa								
＿日		荷载/kN								
		强度/MPa								
f_{28}		荷载/kN								
		强度/MPa								
＿月		荷载/kN								
		强度/MPa								
＿日		荷载/kN								
		强度/MPa								

试验室配比(1m³ 用量)：水泥：＿＿＿＿＿kg，白灰：＿＿＿＿＿kg，砂：＿＿＿＿＿kg，水：＿＿＿＿＿kg，
　　　＿＿＿＿＿：＿＿＿＿＿kg，＿＿＿＿＿：＿＿＿＿＿kg

水泥：白灰：砂：水：＿＿＿＿＿：＿＿＿＿＿＝＿＿＿＿＿：＿＿＿＿＿：＿＿＿＿＿：＿＿＿＿＿：＿＿＿＿＿：＿＿＿＿＿

审核：　　　　　试验：

附录 H 钢筋试验记录

试验编号	试验日期	原件编号	强度等级规格	钢筋直径/mm	公称横截面积/mm²	原始标距/mm	屈服点荷载/kN	屈服点/MPa	破坏荷载/kN	抗拉强度/MPa	断后标距/mm	伸长率δ(%)	冷弯结果 d=a	结论 σb σs	结论 σs σs标	试验审核

附录 I　沥青、玛琦脂试验记录

试验日期_____年___月___日　品种及标号_____　试验编号_____

<table>
<tr><td rowspan="3">沥青</td><td>品　种</td><td colspan="2"></td><td colspan="2"></td></tr>
<tr><td>生产厂</td><td colspan="2"></td><td colspan="2"></td></tr>
<tr><td>数　量</td><td colspan="2"></td><td colspan="2"></td></tr>
<tr><td colspan="2">试验项目</td><td>试验结果</td><td>代表值</td><td>试验结果</td><td>代表值</td></tr>
<tr><td colspan="2">软化点/℃</td><td></td><td></td><td></td><td></td></tr>
<tr><td colspan="2">针入度
/(1/10mm)</td><td></td><td></td><td></td><td></td></tr>
<tr><td colspan="2">延度/cm</td><td></td><td></td><td></td><td></td></tr>
<tr><td colspan="2">结　论</td><td colspan="4"></td></tr>
</table>

<table>
<tr><td colspan="4">玛琦脂配合比(以质量百分数计)</td><td rowspan="3">填
充
料</td><td>名　称</td><td></td></tr>
<tr><td>标　号</td><td>#沥青</td><td>#沥青</td><td>填充料</td><td>含水率(%)</td><td></td></tr>
<tr><td></td><td></td><td></td><td></td><td>筛余量(　)</td><td></td></tr>
</table>

<table>
<tr><td rowspan="4">试
验
结
果</td><td>试　验　项　目</td><td colspan="2">单个试件试验结果</td><td>试验结果评定</td></tr>
<tr><td>耐热度　　℃　　5h</td><td></td><td></td><td></td></tr>
<tr><td>柔韧性 Φ　　mm　　℃</td><td></td><td></td><td></td></tr>
<tr><td>粘结力</td><td></td><td></td><td></td></tr>
</table>

其他试验项目：

结论：

　　　　　　审核：　　　　　　试验：

参 考 文 献

[1] 湖南大学, 天津大学, 同济大学, 等. 土木工程材料 [M]. 北京：中国建筑工业出版社, 2002.

[2] 李业兰. 建筑材料 [M]. 2 版. 北京：中国建筑工业出版社, 1995.

[3] 杨玉衡. 城市道路工程施工与管理 [M]. 北京：中国建筑工业出版社, 2003.

[4] 刘祥顺. 建筑材料 [M]. 北京：中国建筑工业出版社, 1997.

[5] 张健. 建筑材料与检测 [M]. 北京：化学工业出版社, 2003.

[6] 王秀花. 建筑材料 [M]. 2 版. 北京：机械工业出版社, 2003.

[7] 石常军. 水泥质量检测 [M]. 北京：中国建材工业出版社, 2002.

[8] 卢经扬. 建筑材料与检测 [M]. 北京：中国建筑工业出版社, 2010.